MAZDA – INNOVATION MIT TRADITION

Liebe Leserinnen und Leser,

50 Jahre Mazda in Deutschland feiern wir in diesem Jahr. Gibt es einen besseren Anlass, unser 2017 erstmals erschienenes Markenbuch, das bei Liebhabern und Fans der Marke und des Automobils so wohlwollend aufgenommen wurde, umfassend zu aktualisieren und zu erweitern? Wohl kaum – zumal wir erst vor zwei Jahren einen weiteren historischen Meilenstein gefeiert haben: den 100. Jahrestag der Gründung von Mazda.

Diese beiden runden Jubiläen zeigen, welch reichhaltige Historie die Marke Mazda besitzt – und das Buch, das Sie nun in den Händen halten, füllt diese Geschichte mit Leben. Von den Anfängen als Korkhersteller über die ersten Lasten-Dreiräder bis hin zu Modellen und Innovationen, die die gesamte Branche geprägt und immer wieder den Status von Mazda als Andersdenkendem, als Herausforderer untermauert haben: Die folgenden Seiten nehmen Sie mit auf eine einzigartige Reise, die diese Marke zu dem gemacht hat, was sie heute ist.

Und mehr als das: Inmitten einer beispiellosen Transformation, in der sich die gesamte Automobil- und Mobilitätsbranche befindet, wollen wir auch in die Zukunft schauen. Wie begegnet Mazda den künftigen Herausforderungen, wie will das Unternehmen die ehrgeizigen Ziele in Sachen Klimaneutralität erreichen und dabei gleichzeitig Mobilität und auch Fahrvergnügen für alle sicherstellen? Das feste Fundament an Werten und Überzeugungen, das sich Mazda im Laufe der Jahrzehnte erarbeitet hat, bietet dabei Orientierung – und damit auch Sicherheit und Verlässlichkeit für unsere Kunden.

Ich freue mich sehr über Ihr Interesse an Mazda und wünsche Ihnen eine spannende und informative Lektüre.

Herzliche Grüße

Bernhard Kaplan
Geschäftsführer Mazda Motors Deutschland GmbH

IMPRESSUM

© 2022 autodrom publikationen
Wolfram Nickel Verlag
Berliner Straße 25
53340 Meckenheim
info@autodrom-online.de
www.autodrom-online.com
Tel. 02225-703 53 11

Chefredaktion:
Wolfram Nickel (ViSdPR)
Peter Eck

Redaktion:
Michael Hoffmann
Jasmin Pouwels

Bildnachweis:
Mazda Motors Deutschland GmbH,
Mazda Motor Corporation Japan,
Robert W. Kranz / Rallyewerk
Media,
autodrom Archiv

Grafik & Layout:
Feines & Buntes Design, Köln
Gabriele Gottschalk
Ralf Gottschalk

Druck:
Westermann Druck, Braunschweig

ISBN 978-3-942072-22-9
Preis: 14,90 € (Deutschland)

**Für Mazda Motors
Deutschland GmbH:**
Jochen Münzinger
Mazda Motors Deutschland GmbH
Hitdorfer Straße 73
51371 Leverkusen
Tel. 02173-943-0
www.mazda-presse.de

INHALT

EINE GROSSE MARKE MIT EINER GROSSEN VERGANGENHEIT

DAS WESEN VON MAZDA

ANSPRUCHSVOLLE TECHNISCHE LÖSUNGEN IN LEIDENSCHAFTLICHEM DESIGN UND EIN KLARES BEKENNTNIS ZU FAHRSPASS UND FAHRERORIENTIERUNG: Das ist die Marke Mazda in moderner Ausprägung. Nie waren die Automobile des japanischen Herstellers fortschrittlicher als heute, nie erfolgreicher und begehrter. Doch beim Blick auf die aktuellen Entwicklungen verliert man bisweilen aus den Augen, wie sehr das, was Mazda heute ausmacht, die gesamte, häufig ruhm- und immer abwechslungsreiche Historie der Marke aus Hiroshima durchzieht.

Mazda Skyactiv Produktpalette

Für all das, wofür Mazda heute steht, finden sich Beispiele aus der Markengeschichte. Beispiele, die bis heute beeindrucken und faszinieren – und die einen Streifzug durch das „Mazda Classic – Automobil Museum Frey" zu einer einzigartigen Erfahrung machen. Auf dem Rundgang durch die Ausstellung zeigt sich: Nur eine große Vergangenheit macht eine Marke zu einer großen Marke.

Vom Kreiskolben-Motor bis Skyaktiv, von Jinba Ittai bis i-Activsense, von Zoom-Zoom bis „Drive Together": Immer ging und geht es Mazda um Harmonie und Einklang – zwischen Fahrer und Fahrzeug, zwischen Mensch und Natur, zwischen Auto und Straße. Diesen Werten hat sich das Unternehmen stets verschrieben – und rückt gerade heute, in einer vom Streben nach Automatisierung geprägten Zeit, das Ziel eines aktiven, begeisternden Fahrvergnügens mit einer nochmals größeren Überzeugung in den Mittelpunkt.

Die Marke Mazda, wie wir sie heute kennen, ist ohne ihre Historie nicht denkbar. So ist die weiterentwickelte Designsprache Kodo – Soul of Motion der vorläufige Höhepunkt eines Faibles für Formen und Oberflächen, das schon in frühen Meisterstücken wie dem **Luce** und

dem **Cosmo Sport 110 S** aus den 1960er Jahren zum Ausdruck kommt. Der Reiz gekonnt ausgeführter Einfachheit, die Liebe zum Detail und das Ausloten verschiedener Ausdrucksformen von Bewegung: Es sind diese Themen, die die Zeichner in den Mazda Designzentren in Europa, Japan und den USA über die Jahre immer wieder aufs Neue beschäftigen und die Designentwicklung der Marke bis heute vorantreiben.

VOR ALLEM SEIT DER JAHRTAUSENDWENDE HAT
MAZDA immer wieder Formen der Bewegung, wie sie
in Natur und Tierwelt vorkommen, erforscht und auf
das Automobildesign übertragen: zunächst mit den
fließenden Linien der Designsprache Nagare, dann
in der energiegeladenen Emotionalität der Kodo Formensprache. Herausragendes Design ist für Mazda nie
Selbstzweck gewesen und nur selten eine Fingerübung
ohne weitergehende Intentionen; es dient vielmehr
stets dazu, den besonderen Charakter der Mazda Modelle zum Ausdruck zu bringen und eine verführerische
Brücke zu schlagen zwischen der einzigartigen Technik
und den Kunden.

Ingenieure und Designer haben in enger Zusammenarbeit immer wieder Formen und Flächen hervor-
gebracht, die die Besonderheiten der technischen
Innovationen betonen. Zugleich liefert die Technik
ihrerseits stets eine wichtige Voraussetzung für außer-
gewöhnliches Design.

Die Mazda Geschichte ist voller Beispiele für diese
Symbiose: Dazu zählen Wankel-Ikonen wie der erste
RX-7, das schicke Coupé RX-5 und der RX-8 mit seinen Freestyle-Türen, aber auch der MX-5, dem man
seine Leichtfüßigkeit auf den ersten Blick ansieht, und
die stilvolle Eleganz, die Mittelklasse-Limousinen wie
der 626 oder der Xedos 6 transportieren.

Exklusiver Gran Turismo: Mazda RX-5

Klappscheinwerfer-Keil: Mazda RX-7

RENESIS-Renner: Mazda RX-8

Extravaganz in der Mittelklasse: Xedos 6

Die Roadster-Ikone in vierter Generation: Mazda MX-5

Oder die Sportwagenstudie **RX-Vision**, die ihre spektakulären Proportionen und ihre flache Motorhaube der
Tatsache verdankt, dass darunter ein kompakter Kreiskolben-Motor sitzt. Für den technischen Sonderweg,
den Mazda in seiner über 100-jährigen Geschichte
ein ums andere Mal eingeschlagen hat, lieferten die
Designer stets den passenden Anzug.

DENN DAS IST DIE ZWEITE GROSSE SÄULE, AUF DER DIE FASZINATION MAZDA SEIT DEN 1960ER JAHREN BASIERT: der Mut, technische Konventionen in Frage zu stellen und eigenständige Lösungen für gemeinhin als unlösbar geltende Probleme zu finden. Der Kreiskolben-Motor, mit einer unnachahmlichen Entschlossenheit zur Serienreife und zu einem kommerziellen Erfolg geführt, ist dafür das vielleicht eindrucksvollste, ganz sicher aber nicht das einzige Beispiel. Auch die von Grund auf neu entwickelten Skyactiv Technologien, mit denen kaum für möglich gehaltene Optimierungen im Verbrennungsprozess gelingen. Ebenso der batterieelektrische MX-30 für emissionsfreien Fahrspaß, bei dem Mazda die CO_2-Gesamtbilanz des Fahrzeugs in den Mittelpunkt stellt; oder die anhaltende penible Suche nach Möglichkeiten zur Gewichtseinsparung, die Mazda unter dem Begriff der „Gramm-Strategie" immer wieder aufs Neue in Angriff nimmt, sind charakteristisch für den Entwicklungsansatz von Mazda.

In der Beharrlichkeit, mit der das Unternehmen Technologien wie diese trotz aller Widrigkeiten immer wieder vorangetrieben hat, kommt das Selbstverständnis zum Vorschein, mit unkonventionellem Denken und Handeln den eigenen Überzeugungen zu folgen und dabei alle Hindernisse aus dem Weg zu räumen. Es ist die gleiche Hartnäckigkeit, die die Verantwortlichen Ende der 1920er Jahre dazu trieb, den Korkprodukthersteller Toyo Kogyo in einen Maschinen- und Fahrzeugbauer zu verwandeln, und die die Jahre des Wiederaufbaus nach der Zerstörung durch den Atombombenabwurf auf Hiroshima im Zweiten Weltkrieg bestimmte. **ES IST DAS WESEN VON MAZDA.**

Der Mazda CX-5 revolutioniert die Klasse der Kompakt-SUVs mit Kodo Design und Skyactiv Technologie

MAZDA CLASSIC – AUTOMOBIL MUSEUM FREY

KEINE ZUKUNFT OHNE GROSSE HERKUNFT

ES IST DAS ERSTE MUSEUM EINES ASIATISCHEN AUTOMOBIL-HERSTELLERS IN DEUTSCHLAND, aber genau das passt so gut wie zu keiner anderen Marke. Lässt doch „Mazda Classic – Automobil Museum Frey" in der Augsburger Innenstadt nicht nur die faszinierenden Facetten der über 100-jährigen Unternehmensgeschichte des unkonventionellen Automobilherstellers aus Hiroshima lebendig werden. Vielmehr erzählen rund 50 ausgewählte und regelmäßig wechselnde Meilensteine der Mazda Modellgeschichte auf mehr als 1.500 Quadratmetern vom „Mukainada Spirit" bei Mazda, also von dem Pioniergeist, der gängige Sichtweisen in Frage stellt, um Verbesserungen zu bewirken und so die Mazda Ingenieure das Unmögliche wahr machen lässt. Besonders eindrucksvoll zu erleben bei den erfolgreichen Mazda mit Kreiskolben-Motoren, aber auch bei den neusten Bestsellern mit zukunftsweisenden Skyactiv Technologien.

Eine Ruhmeshalle für die legendärsten Mazda Modelle: Mazda Classic – Automobil Museum Frey präsentiert sie alle, von kleinen Kei-Cars bis zu den großen Ikonen mit Kreiskolben-Motor wie dem Luce R130

Lange mussten sich die Fans der japanischen Marke gedulden, 2017 war es soweit: Im attraktiven Ambiente eines historischen Straßenbahndepots macht seitdem der Augsburger Händler Auto Frey, der Marke Mazda seit mehr als vier Jahrzehnten eng verbunden und bei diesem Projekt von Mazda Motors Deutschland unterstützt, die Mazda Geschichte zum ersten Mal außerhalb Japans für alle erlebbar. Der Hersteller selbst betreibt nur in Hiroshima ein öffentlich zugängliches Museum.

Wohin die Besucher von Mazda Classic – Automobil Museum Frey auch schauen: Jedes Exponat aus der insgesamt – inklusive Reserve – über 150 Mazda Fahrzeuge umfassenden Sammlung von Auto Frey reflektiert nicht nur die unverwechselbare Identität der Marke, sondern auch innovative Ideen, mit denen Mazda die Automobilwelt überrascht, gestern, heute und morgen. Im Jahr 1931 präsentierte das japanische Unternehmen mit dem Mazda-GO sein erstes motorisiertes Fahrzeug als dreirädrigen Lastwagen. Ein frühes kompaktes Nutzfahrzeug, das als weiterentwickelter Typ GA ebenso in der Augsburger Ausstellung zu entdecken ist wie das formschöne

Mazda R 360 Coupé, das schon 1960 mit bahnbrechenden Leichtbautechniken im Kleinstwagensegment begeisterte. Ein Herzstück der Museumskollektion ist natürlich der Kreiskolben-Motor. Während andere Hersteller vor den entwicklungstechnischen Herausforderungen dieses innovativen Triebwerks kapitulierten, das kompakte Größe mit hoher Leistung und Laufkultur kombiniert, gab Mazda nicht auf. Im Gegenteil, ganz im Sinne des „Mukainada Spirit" lösten die Mazda-Ingenieure alle Probleme und präsentierten 1967 den Cosmo Sport 110 S als weltweit erstes Fahrzeug mit Zwei-Scheiben-Kreiskolben-Motor.

Einmalig in Europa: Dieser Concours der Klassiker vereint die spektakulärsten und seltensten Mazda Modelle aus der über 100-jährigen Unternehmensgeschichte

Die Mazda Sammler:
Markus Frey, Walter Frey
und Joachim Frey

Grundstein der Sammlung: der Supersportwagen Mazda Cosmo Sport 110 S

Mit einem solchen Sportwagen hat Walter Frey vor gut 35 Jahren den Grundstein für die gemeinsam mit seinen Söhnen Markus und Joachim geführte Mazda Fahrzeugsammlung gelegt. Während eines USA-Aufenthalts entdeckte er in New Jersey einen weißen Cosmo Sport, „im typischen amerikanischen Showzustand", wie Walter Frey heute schmunzelnd erzählt. Mit anderen Worten: Nach der Verschiffung nach Deutschland mussten die Freys alle „verrotteten Teile erst einmal während vieler Wochenenden aufarbeiten". Lohn der Mühe: Heute ist der legendäre Sportwagen ein strahlender Star im Augsburger Mazda Markentempel. Fragt man den leidenschaftlichen Sammler Frey allerdings nach seinen absoluten Lieblingsfahrzeugen der Sammlung, nennt er zwei andere Raritäten mit Kreiskolben-Motor: „Meine Nummer eins ist der Wankel-Bus. Diesen Mazda Parkway RE26 sieht man sonst eigentlich nirgendwo und fast alle Fotos, die es vom Parkway gibt, zeigen genau dieses Auto. Meine Nummer zwei ist der RX-7 Turbo vom Felix Wankel". Damit bezieht sich Frey auf das silbergraue Privatauto des genialen Erfinders des Kreiskolben-Motors, das dieser von Mazda geschenkt erhielt. Natürlich finden sich in den Ausstellungsräumen noch viele andere Schätze, die von der Familie Frey aus der ganzen Welt zusammengetragen wurden.

Dass die Marke auch schon früh für exzellentes Design stand, zeigen unter anderem die Limousine Mazda Luce von 1966 oder das Hardtop-Coupé Mazda Luce R 130 von 1969. Zu sehen sind außerdem alle wichtigen Modelle, die in Deutschland Geschichte schrieben, vom kompakten Bestseller Mazda 323 von 1977 bis zu den Verkaufsschlagern der 90er Jahre. Natürlich fehlt auch der Mazda MX-5 als meistverkaufter Roadster aller Zeiten nicht. Ein Fahrspaßgarant, mit dem Mazda die heute hinter allen Modellen der Marke stehende Philosophie des „Jinba Ittai" – der perfekten Einheit zwischen Fahrzeug und Fahrer – zur Vollendung führte.

Im Mazda Museum gibt es immer Neues zu entdecken. In der Reserve warten weitere 100 Schätze auf ihren Auftritt

Der fast 700 Quadratmeter große Eventbereich „Depot 29" und ein Außenbereich auf dem Museumsgelände für Clubtreffen, markenoffene Oldtimerveranstaltungen und andere Events sowie regelmäßige Wechsel in der Ausstellung laden zu wiederholten Besuchen ein. So gibt es neben den „Greatest Hits" aus der Mazda Modellgeschichte immer wieder andere spektakuläre Highlights zu entdecken.

Etwa den Flügeltüren-Sportwagen AZ-1 im japanischen Kei-Car-Kleinstformat oder die Xedos 6 und Xedos 9 als Stilikonen unter den Premiumlimousinen der 1990er Jahre. Als erstes Serienmodell in der neuen ausdrucks-

starken Mazda Designsprache „Kodo – Soul of Motion" und mit zukunftsweisender Skyactiv Technologie debütierte 2012 der SUV Mazda CX-5. Dass Kodo und Skyactiv für Weltrekorde gut sind, demonstriert ein Mazda 6 Skyactiv D 175. Dieser Diesel stellte 2014 bei einem 24-Stunden-Marathon insgesamt 20-FIA-Weltrekorde auf. Am Ende eines Rundganges durch Mazda Classic bleibt nur die Frage, welche Vision Mazda als nächste Wirklichkeit werden lässt. Sind doch Innovationen die Konstante in der Markengeschichte.

INFOS FÜR IHREN BESUCH

Mazda Classic –
Automobil Museum Frey

Wertachstraße 29b,
86153 Augsburg

Öffnungszeiten:

Montag bis Donnerstag
12-17 Uhr
Freitag bis Sonntag
10-18 Uhr

Telefon:
+49 821 420 607 30

Mail:
info@mazda-classic-frey.de

Webseite inklusive virtueller Museumstour:
www.mazda-classic-frey.de

Facebook:
https://www.facebook.com/MazdaClassicFrey/

Instagram:
https://www.instagram.com/mazdaclassic/

DER WILLE ZUM WACHSTUM

IN DER „MANUFAKTUR DES OSTENS" werden zunächst Korkprodukte hergestellt, dann motorisierte Dreiräder. Es dauert eine Weile, bis der erste Mazda moderner Prägung mit vier Rädern von den Bändern rollt. Doch schon in den von Aufschwung, Krisen, Zerstörung und Wiederaufbau geprägten Jahren im Japan jener Zeit beweist Toyo Kogyo unbedingten Willen zu Innovation und Wachstum.

- Am 30. Januar 1920 erfolgt die Gründung der Toyo Cork Kogyo Co. Ltd. (wörtlich übersetzt: Manufaktur des Ostens) in Hiroshima, aus der später die Mazda Motor Corporation hervorgeht. Das Unternehmen konzentriert sich zunächst auf die Fertigung von Korkprodukten; erster Präsident wird der Industrielle Jujiro Matsuda
- 1927 stellt der Konzern die Produktion auf Maschinenbau um, das Wort „Cork" wird aus dem Firmennamen gestrichen
- 1930 entwickelt Toyo Kogyo ein motorisiertes Lastendreirad, bereits im Oktober gehen 30 Prototypen in einen Feldversuch
- Unter dem Namen Mazda-GO geht das Lastendreirad im Oktober 1931 in Serie
- 1932 beginnt der Export von Lastendreirädern nach China

- Ein stilisiertes „M" für Mazda mit angedeuteten Schwingen als Symbol für Agilität wird 1936 zum neuen Markenlogo der Toyo Kogyo
- 1938 debütiert der Mazda GA als Weiterentwicklung des Mazda-GO
- 1940 entwickelt das Unternehmen einen ersten Pkw-Prototyp, die Serienproduktion wird durch den Zweiten Weltkrieg verhindert
- Am 6. August 1945 wird Hiroshima durch einen Atombombenabwurf verwüstet. Dennoch gelingt Mazda im Dezember der Wiederaufstieg aus der Asche, da die Werke funktionsfähig bleiben. Mit Dreiradlieferwagen läuft die Nachkriegsproduktion an
- Ende der 1950er Jahre umfasst die Mazda Flotte rund 30 verschiedene Typen mit Nutzlasten zwischen einer halben und zwei Tonnen
- Als erstes vierrädriges Fahrzeug geht 1958 der Lastwagen Mazda Romper in Großserie

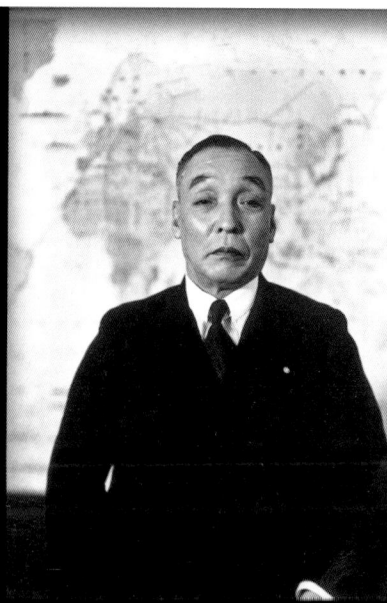

Jujiro Matsuda: erster Präsident der Toyo Cork Kogyo Co.Ltd., des Stammhauses des heutigen Mazda Konzerns

Mit Lastendreirädern bringt Mazda die japanische Wirtschaft in
Schwung. Ende der 1950er Jahren umfasst die Mazda Nutzfahr-
zeug-Palette mehr als 30 Dreiräder – und den Romper als ersten
erfolgreichen Vierrad-Lkw (siehe Bild S. 21)

VOM KORK-PRODUZENTEN ZUM DREIRADHERSTELLER

DASS AUS DER TOYO CORK KOGYO CO. LTD. einmal einer der kreativsten und innovativsten Automobilhersteller der Welt werden würde, ahnt zum Zeitpunkt der Unternehmensgründung 1920 wohl niemand. Doch die in der Hafenstadt Hiroshima ansässige Firma, die zunächst Korkprodukte fertigt, stellt sich in den von Aufschwüngen und Krisen geprägten 1920er Jahren schnell auf die sich wandelnden Anforderungen ein. Ab 1927 widmet sich das Unternehmen dem Maschinenbau und steigt 1930 in die Fahrzeugproduktion ein, um vom zunehmenden Mobilitäts- und Transportbedarf der japanischen Industrie zu profitieren.

Der Mazda-GO von 1931 ist das erste Motorfahrzeug von Toyo Kogyo, das „Cork" ist inzwischen aus der Firmenbezeichnung gestrichen. Mazda steht dabei für Ahura Mazda, den altpersischen Gott des Lichts. Außerdem wird der Name des Firmenpatriarchs Matsuda im Japanischen ähnlich wie Mazda ausgesprochen. Der Mazda-GO leitet eine Phase ein, in der sich das Unternehmen höchst erfolgreich auf die Produktion von Lastendreirädern verlegt. Das erste vierrädrige Mazda Fahrzeug kommt hingegen aufgrund des Zweiten Weltkriegs über den Prototypenstatus nicht hinaus.

Auch das erste Jahrzehnt nach der Wiederaufnahme der Produktion 1949 wird vom Erfolg der Lastendreiräder geprägt.

Diese kommen mit der zerstörten Infrastruktur des Inselstaates besser zurecht, und Personenwagen in Privatbesitz sind zunächst ohnehin nicht erlaubt, erst Mitte der 1950er Jahre lockern die Besatzungsbehörden die Bestimmungen. Das erste Großserienfahrzeug von Mazda mit vier Rädern ist ein Lkw: Der Romper wird 1958 eingeführt. Erst Anfang der Sechziger – getrieben vom anhaltenden Aufschwung und verstärkten Investitionen in das Verkehrswesen – gewinnen Pkw in Japan dann schließlich an Bedeutung.

AUF DREI RÄDERN RICHTUNG ZUKUNFT

DAS ZEITALTER DER MOBILITÄT beginnt bei Toyo Kogyo auf drei Rädern – wie bei so vielen japanischen Autoherstellern. Unter der Bezeichnung Mazda-GO läuft im Oktober 1931 die Serienproduktion des ersten Motorfahrzeugs an. Noch bis Jahresende werden 66 Fahrzeuge produziert, der Verkauf in Japan erfolgt bis 1936 über das Vertriebsnetz von Mitsubishi. Bereits ab 1932 gehen die ersten Exemplare auch in den Export nach China.

Das Lastendreirad mit einer Federgabel vorn, Lenkstange und offener Pritsche verfügt über einen luftgekühlten Einzylinder-Viertakter mit 7 kW/9,5 PS Leistung und kann beachtliche 500 Kilogramm Nutzlast transportieren. Getriebe, Differenzial und Motorkomponenten sind patentierte Eigenentwicklungen von Toyo Kogyo, das mit dem Mazda-GO zu den Frühstartern der japanischen Automobilindustrie zählt.

TECHNISCHE DATEN

PRODUKTIONSZEITRAUM
1931 - 1938
(Typen DA - KC)

....

IN DEUTSCHLAND
nicht angeboten

....

MOTOREN
Einzylinder-Benziner

....

HUBRAUM
358 cm^3

....

LEISTUNG
7 kW/9,5 PS

....

KAROSSERIEFORM
Lastendreirad

DER BEINAHE ERSTE ECHTE MAZDA

PARALLEL ZUM ERSTEN MAZDA-GO entwickelt Toyo Kogyo auch Motorräder, die Anfang der 1930er Jahre in Serienproduktion gehen. Mazda treibt aber vornehmlich die Fertigung der Threewheeler voran. Für die robusten Lastendreiräder wirbt das Unternehmen auf eine Weise, die bis heute zeitgemäß ist: Fünf Mazda-GO, DC und KC machen sich im Oktober 1935 auf eine 25-tägige Reise über 2.700 Kilometer von Kagoshima nach Tokio – das ist für die damalige Zeit wohl kaum weniger spektakulär als die später so Aufsehen erregenden Trips mit neuen Mazda Modellen von Hiroshima nach Frankfurt.

Ende der 1930er Jahre ist das Unternehmen zunehmend mit Produktionsaufgaben für das Militär beschäftigt. 1940 entwickelt Toyo Kogyo noch den Prototypen eines vierrädrigen Automobils, doch die kompakte Familienlimousine mit vier Sitzen schafft es in den Kriegswirren nicht mehr bis zur Serienreife. Sonst wäre dies wohl der erste echte Mazda Pkw geworden. Erster vierrädriger Mazda in Kleinserie wird 1950 ein Nutzfahrzeug, der CA Truck, den vor allem Behörden nutzen.

Mazda Motorrad

Mazda CA Truck

Mazda Pkw-Prototyp

Mazda T1500

TECHNISCHE DATEN

MAZDA DREIRÄDER GA/GB/K360
MAZDA T1500

PRODUKTIONSZEITRAUM
1938 - 1969 / 1963 -1966

· ·

IN DEUTSCHLAND
nicht angeboten / nicht angeboten

· ·

MOTOREN
Ein-, Zwei- und Vierzylinder-Benziner
Vierzylinder-Benziner

· ·

HUBRAUM
358 -1.400 cm³ / 1.484 cm³

· ·

LEISTUNG
7 kW/9,5 PS - 31 kW/42 PS
44 kW/60 PS

· ·

KAROSSERIEFORM
Lastendreirad, Pick-up, Kastenwagen
Lastendreirad, Pick-up, Kastenwagen

DREISSIG MAL DREI

DIE ERFOLGSGESCHICHTE DES MAZDA-GO und seiner 1938 lancierten Weiterentwicklung GA kommt mit dem Zweiten Weltkrieg jäh zum Stillstand – der sich nach Kriegsende jedoch als vorübergehend erweist. 1949 entwickelt Toyo Kogyo den Mazda GA zum Mazda GB mit neuem Motor weiter. Im Laufe der 1950er Jahre wächst die Mazda Palette der Threewheeler auf nicht weniger als 30 Typen mit Nutzlasten zwischen 300 Kilogramm und zwei Tonnen – darunter der CTL1 von 1952, der sich je nach Ausführung auf fast sechs Meter streckt, und der K360 von 1959, der mit seinem 356 cm³ großen Motor als dreirädriger Mini-Lkw in der Kei-Klasse antritt.

Bis Ende der Dekade produziert Toyo Kogyo bis zu 6.000 Dreiräder pro Monat. Erfolgreich bleiben die Threewheeler aber bis 1969, dies auch in Südeuropa, wo etwa der Mazda T1500 mit sensationellen zwei Tonnen Nutzlast aufwartet.

Mazda GA Dreirad

Mazda K360

Mazda Romper

DAS VIERTE RAD AM WAGEN

DIE NACHFRAGE NACH DREIRÄDRIGEN NUTZFAHRZEUGEN in der boomenden japanischen Nachkriegsindustrie erreicht Mitte der 1950er Jahre ihren Höhepunkt, danach rücken Lkw mit vier Rädern zunehmend in den Blickpunkt des Interesses. Auch hier steht Wendigkeit im Mittelpunkt, gibt es doch in dem zerklüfteten und vom Krieg gezeichneten Inselstaat sonst kaum ein Fortkommen. Die über Jahre erarbeitete Automobilkompetenz zeigt Mazda ab April 1958 erstmals auf vier Rädern: Der Mazda Romper tritt in der neuen D-Serie mit wassergekühltem Zweizylinder und zunächst einer Tonne Nutzlast an; der Marktanteil von Mazda bei den leichten Nutzfahrzeugen steigt binnen Jahresfrist von vier auf zehn Prozent. Neben der D-Serie, gebaut ab 1959 mit Vierzylinder-Motoren, startet 1964 die E-Serie mit bis zu zwei Tonnen Nutzlast, die wiederum der Vorläufer für den Mazda Titan der 1970er Jahre ist.

TECHNISCHE DATEN

MAZDA ROMPER
MAZDA D 1500

PRODUKTIONSZEITRAUM
1958-1959 / 1959-1975
....

IN DEUTSCHLAND
nicht angeboten / nicht angeboten
....

MOTOREN
Zweizylinder-Benziner
Vierzylinder-Benziner
....

HUBRAUM
1.105 cm³ / 1.484 cm³
....

LEISTUNG
24 kW/32,5 PS / 44 kW/60 PS
....

KAROSSERIEFORM
Pritsche mit Doppelkabine
Lastwagen mit vielfältigen Aufbauten

MAZDA 1960–1975
GRUNDSTEIN DER MARKE MAZDA

FAMILIENAUTOS MIT WEGWEISENDEM DESIGN, SPORTWAGEN UND COUPÉS mit ikonenhafter Anmutung und der entschlossen zu einem technologischen Meisterstück entwickelte Kreiskolben-Motor: In den 1960er Jahren wird der Grundstein für die moderne Marke Mazda gelegt. Und diese Marke bricht in der zweiten Hälfte der Dekade zu einem globalen Siegeszug auf.

Mazda R360 Coupé: Gleich der erste Mazda Pkw wird ein Bestseller

Ein neues Logo für die ersten Mazda Pkw

- Mit dem Kleinwagen Mazda R360 Coupé beginnt am 23. Mai 1960 der Verkauf von vierrädrigen Pkw. In der japanischen Kei-Car-Klasse erreicht das Modell zeitweise bis zu 65 Prozent Marktanteil
- Im Juli 1961 schließt Mazda mit NSU eine Lizenzvereinbarung zur Entwicklung und Produktion von Kreiskolben-Motoren. Bereits im November präsentiert Mazda einen Prototypen des ersten eigenen Rotary-Triebwerks
- Im August 1961 wird der B 1500 als erster Vertreter der bis heute populären Pick-up-Baureihe vorgestellt
- 1963 wird die Forschungsabteilung „Rotary Engine Research Division" unter Leitung des späteren Mazda Präsidenten Kenichi Yamamoto eingerichtet; auf der Tokyo Motor Show präsentiert Mazda den weltweit ersten Zwei-Scheiben-Kreiskolben-Motor

Markenbotschafter mit Kreiskolben-Motor: Der Mazda Cosmo Sport 110 S eröffnet die Exportoffensive

Der Mazda 818.

Im Mazda 818 hat man aus vielen Gründen Spaß am Fahren: Sein 75 PS starkes 1,6-l-Triebwerk mit obenliegender Nockenwelle sorgt für ein ausgezeichnetes Spurtvermögen. Das breit ausgelegte Fahrwerk, das Zweikreis-Bremssystem mit Bremskraftverstärker und Scheibenbremsen vorn machen den Spaß am Fahren sicher.
DM 9.600,– Lim.

Der Mazda 616.

Er ist der größte und komfortabelste Mazda. Seine elegante Form, sein kultiviert ausgestatteter Innenraum und seine fortschrittliche Technik mit dem bewährten 75-PS/1,6-l-Motor machen ihn zum idealen Reisewagen für die Familie.
Als Limousine oder Coupé.
DM 10.480,– Lim.

Der Mazda RX-3.

Dieses sportlich elegante Auto verbirgt unter seiner Haube einen technischen Leckerbissen:
Ein 95-PS Kreiskolben-Triebwerk, das bei jeder Geschwindigkeit weich und leise dreht. Auf diesen Motor bekommen Sie 2 Jahre/ 40.000 km Garantie.
DM 12.975,–

Drei für Deutschland: Mit den Modellreihen 818 und 616 und dem Kreiskolben-Coupé RX-3 startet Mazda seine Erfolgsstory auf dem weltweit schwierigsten Markt

- Das weltweit erste Serienauto mit Zwei-Scheiben-Kreiskolben-Motor, der Mazda Cosmo Sport 110 S, wird am 30. Mai 1967 vorgestellt; im gleichen Jahr beginnt der Export von Mazda Fahrzeugen nach Europa, erster Markt ist Norwegen
- In Belgien wird 1968 die Europazentrale Mazda Motor Europe gegründet
- Auf der Frankfurter IAA 1969 werden erstmals mögliche Mazda Modelle für den deutschen Markt gezeigt
- 1970 beginnt der Export in die USA
- Mazda Motors Deutschland GmbH wird gegründet: Am 23. November 1972 erfolgt der Eintrag ins Handelsregister Düsseldorf. Sieben Mitarbeiter inklusive Geschäftsführer beziehen die erste Niederlassung in Hilden bei Düsseldorf
- Am 1. März 1973 startet der Verkauf auf dem deutschen Markt mit den Modellen 616 und RX-3, im Juni folgt der 818
- Im Juli 1974 erscheint mit dem Parkway der weltweit erste Rotary-Reisebus

ÜBER ALLEM STRAHLT DER WANKEL

Mit dem Start in die neue Dekade beginnt 1960 der Aufstieg von Mazda zu einem internationalen Automobilhersteller. Waren die ersten anderthalb Jahrzehnte nach Kriegsende von Herstellung und Vertrieb der Lastendreiräder geprägt, so markiert die Einführung des R360 Coupé im Frühjahr 1960 den Einstieg in die moderne Automobilität.

Und plötzlich geht alles ganz schnell. In kurzer Folge bringt Toyo Kogyo Modelle auf den Markt, die die dauerhaft erfolgreiche Präsenz der Marke Mazda in zentralen Fahrzeugklassen begründen: den Familia als Vorläufer der späteren Kompaktbaureihen 323 und Mazda 3, den Capella in der Mittelklasse, oder auch den B 1500 im Pick-up-Segment und den Bongo im Bereich der leichten Nutzfahrzeuge.

ÜBER ALLEM STRAHLT ABER DER KREISKOLBEN-MOTOR: Vier Jahre nachdem der Erfinder Felix Wankel erstmals Kreiskolben- beziehungsweise Wankel-Motoren beim deutschen Hersteller NSU auf dem Prüfstand testet, erwirbt Mazda 1961 von NSU die Lizenz zu Entwicklung und Bau von Kreiskolben-Motoren. Damit startet eine einzigartige technische Erfolgsgeschichte, die ein frühes Beispiel für das besondere Selbstverständnis von Mazda ist. Mazda ist schon damals stolz auf seine unkonventionelle Herangehensweise und auf die Beharrlichkeit, mit der Sonderwege beschritten werden. Design-Ikonen wie der Luce von 1966, der R 100, der den amerikanischen Markt erobert, und allen voran der Cosmo Sport 110 S zeigen, welches Potenzial in dieser so jungen Marke aus Hiroshima steckt, die mit dem Automobilbau doch gerade erst begonnen hat.

Kreiskolben- oder Hubkolben-Motor? Mazda lässt den Kunden ab 1970 freie Wahl, wie hier bei den Modellen Mazda RX-4 und 929

Das entdecken bald auch die Europäer. Schon 1967 gehen die ersten Mazda Fahrzeuge nach Norwegen, ein Jahr später erfolgt die Gründung von Mazda Motor Europe, die zunächst von Brüssel aus die europäischen Aktivitäten des japanischen Unternehmens koordiniert – auch in Deutschland, wo die Marke ab 1973 zunächst mit drei Modellen antritt. Auf dem ab 1970 bedienten US-Markt wecken vor allem die Kreiskolben-Motoren Begehrlichkeiten: Bald hat jeder zweite in den USA verkaufte Mazda einen unter der Haube. Die Amerikaner lieben den Wankel made by Mazda – natürlich auch deshalb, weil er in attraktiven Coupés und Sportwagen steckt. Es ist ein scheinbar unaufhaltsamer Aufstieg – bis die erste Ölkrise kommt.

DIE FASZINATION DER EINFACHHEIT

WOHL NIRGENDS LÄSST SICH DAS WESEN DER MARKE MAZDA besser ergründen als am Beispiel des Kreiskolben-Motors – und am ewigen Ringen der Mazda Ingenieure, diese Technik für den Serien-automobilbau fit zu machen und zu halten. Mit seinen Vorzügen und Besonderheiten steht dieses Antriebskonzept für alles, wonach Mazda in der Fahrzeug- und Technikentwicklung seit jeher strebt: geringes Gewicht, spielerische Leistungsentfaltung, hohe Antriebskultur.

Die Väter des Mazda Kreiskolben-Motors (v.l.n.r.): Erfinder Felix Wankel; Mazda Präsident Tsuneji Matsuda, schließt mit NSU die Lizenzvereinbarung; Kenichi Yamamoto, Leiter des Mazda Rotary Engine Entwicklungszentrums

Die Anziehungskraft, die seit jeher vom Kreiskolben-Motor ausgeht, beruht auf seiner prinzipiellen Einfachheit: auf der Eigenschaft, dass sich die Drehbewegung rotierender Scheiben auf eine weitaus harmonischere, kultiviertere Weise auf die sich ebenfalls drehende Antriebswelle übertragen lässt als das Auf und Ab der Hubkolben. Und dass dafür erheblich weniger Teile benötigt werden, ein Kreiskolben-Motor sticht den traditionellen Hubkolbenmotor daher in Sachen Baugröße und Gewicht um Längen aus.

DIE GESCHICHTE DER MAZDA KREISKOLBEN-MOTOREN beginnt 1958, als der damalige Mazda Präsident und Ingenieur Tsuneji Matsuda erstmals von der revolutionären Antriebstechnik hört, die der deutsche Autohersteller NSU gerade gemeinsam mit dem Erfinder Felix Wankel zur Serienreife weiterzuentwickeln versucht. Matsuda erkennt das Potenzial des Kreiskolben-Motors auf Anhieb und schafft es mit diplomatischer Hilfe, Kontakt zur NSU-Führung aufzunehmen.

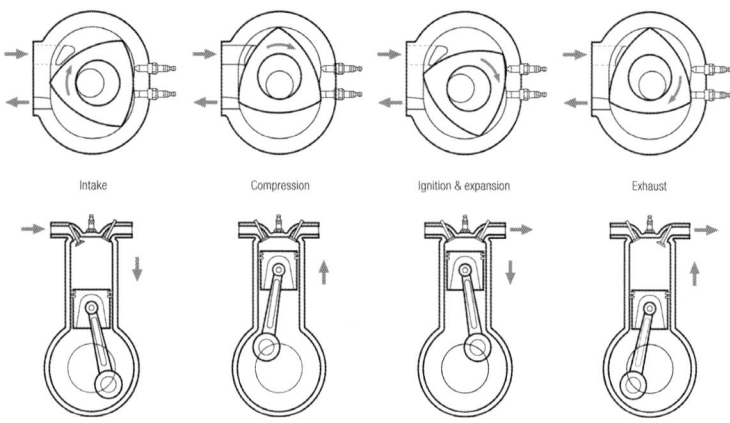

Intake Compression Ignition & expansion Exhaust

IM OKTOBER 1960 reist er mit einer fünfköpfigen Delegation nach Neckarsulm, um mit den Deutschen über eine Motorenlizenz zu verhandeln. Schon im Juli 1961 ist eine Vereinbarung der beiden Autohersteller zur Kooperation unter Dach und Fach und von der japanischen Regierung gebilligt.

Damit fangen die Schwierigkeiten jedoch erst so richtig an. Zu schaffen machen den japanischen Ingenieuren vor allem die Dichtigkeit des Triebwerks, der hohe Verbrauch, der ganz und gar nicht vibrationsarme Lauf und die „Kratzspuren des Teufels": die sogenannten Rattermarken an den Innenseiten des Rotorgehäuses, die immer nach einer gewissen Betriebsdauer auftreten.

Vergleich der Arbeitsweisen von Kreiskolben- und Hubkolben-Motoren (oben).

Der „Mazda Rotary Engine Research Division" gelingt, woran viele andere scheitern: Sie löst die Probleme der Dichtleisten und Rattermarken und entwickelt den Kreiskolben-Motor zur Serienreife (rechts)

ES SIND JAHRE voller Probleme und Rückschläge, die die Arbeit der 1963 gegründeten „Rotary Engine Research Division" prägen, eine eigens der Entwicklung des Kreiskolben-Motors gewidmete Forschungsabteilung unter Leitung des späteren Mazda Präsidenten Kenichi Yamamoto.

Doch im Unterschied zu den meisten anderen Automobilherstellern, die zu jener Zeit beträchtliche Forschungsgelder in die Entwicklung von Kreiskolben-Motoren investieren, schließlich aber vor den technischen Hürden der neuartigen Motorentechnologie kapitulieren, sucht Mazda mit typischer Entschlossenheit und Überzeugung nach Lösungen – und findet sie.

DAS PHÄNOMEN DER RATTERMARKEN behebt man schlussendlich mit einer speziellen Hartchrom-Beschichtung und neuen Dichtleisten aus Aluminium und Karbon, während der Wechsel von einer auf zwei Scheiben die Laufkultur nochmals optimiert.

Auf der Tokyo Motor Show 1963 zeigt Mazda zwei Triebwerksvarianten als Ein-Scheiben- und Zwei-Scheiben-Motor, ein Jahr später dann mit dem Cosmo Sport schon einen sehr seriennahen Prototypen der späteren Sportwagenlegende. Nach umfangreichen Fahrtests auf dem 1964 in Betrieb genommenen Testgelände Miyoshi ist die Entwicklung zum Jahreswechsel 1966/1967 abgeschlossen: Der Kreiskolben-Motor ist serienreif und ab Mai 1967 im Cosmo Sport 110 S zu haben, dem weltweit ersten Fahrzeug mit Zwei-Scheiben-Kreiskolben-Motor.

Kreiskolben-Pioniere: Supersportwagen Mazda Cosmo 110 S mit Zwei-Scheiben-Kreiskolben-Motor, gefolgt vom Mazda R100, dem ersten globalen Exporterfolg

Mazda RX-7

Auf
neuen Wegen
zur Perfektion
des Fahrens

Mazda ist parallel zum traditionellen Motorenbau einen neuen Weg gegangen und hat das revolutionäre Konstruktionsprinzip des Kreiskolbenmotors zu hoher Leistung, Laufkultur und Langlebigkeit entwickelt. Das Ergebnis sind 150 PS aus einem Triebwerk, das keine Ventile, keine Pleuelstangen und keine Kurbelwelle benötigt und anstelle von auf- und abgehenden Kolben 2 umlaufende Kreiskolben hat. So entsteht in jeder Phase der Krafterzeugung ein turbinenartiger Rundlauf des Triebwerks, das in Sekundenschnelle hochdreht und mit zunehmender Tourenzahl eher leiser statt lauter wird.
Die neuartige Hinterachse des Mazda RX-7 bewirkt ein passives Mitlenkverhalten der Hinterräder, das zu einer Kursstabilität führt, die mit üblichen Fahrwerkskonstruktionen nicht zu erreichen ist.
Die elektronisch sensibilisierte Servolenkung wird je nach Geschwindigkeit und Kurvenradius der Fahrsituation angepaßt.
Der Mazda RX-7 ist ein Beispiel für den hohen technischen Standard und die innovative Entwicklungsarbeit von Mazda.

☎ Weitere Informationen über den Mazda RX-7 fordern Sie bei unserem Telefon-Automaten unter 02 21/2 40 15 17 an, oder erhalten Sie von einem der über 1000 Mazda-Händler.

MAZDA MOTORS (DEUTSCHLAND) GMBH
Weidenstraße 2, 5090 Leverkusen 1

mazda

Mazda RX-7: bei Leistung, Laufkultur und Langlebigkeit in Bestform

Der Mazda RX-7, das meistverkaufte Fahrzeug aller Zeiten mit Kreiskolben-Motor, feiert einen weiteren Meilenstein: eine Million Kreiskolben-Motoren von Mazda

ES IST DER BEGINN einer außergewöhnlichen antriebstechnischen Erfolgsgeschichte, die bis heute rund zwei Millionen Motoren hervorbringt. Anfang der 1970er Jahre scheint das Ende der Hubkolbenherrschaft besiegelt, der Wankelmotor die Antwort auf alle zeitgenössischen Fragen der Automobilität.

In den USA hat jeder zweite Mazda einen Kreiskolben-Motor unter der Haube. Ölkrise, strengere Abgas- und Umweltvorschriften sowie die anhaltend hohen Verbräuche setzen der Wankel-Euphorie der internationalen Automobilbranche jedoch ein jähes Ende. Viele Hersteller stellen ihre Entwicklungsbemühungen ein.

MAZDA BLEIBT DEM KREISKOLBEN JEDOCH TREU, setzt ihn nicht nur in Sportwagen ein, sondern auch in Coupés, Limousinen, Pick-ups und Bussen, feiert Erfolge im Motorsport – und führt ihn später mit dem RENESIS-Triebwerk im RX-8 zu

neuer Meisterschaft. Drei Jahre nach dem Ende des RX-8 zeigt Mazda 2015 im aufregenden Sportwagen-Konzept RX-Vision einen möglichen Kreiskolben-Motor für das neue Skyaktiv Zeitalter: den Skyaktiv R.

Im Jahr 2023 ist es nun so weit, der Mazda Kreiskolben-Motor kehrt als Teil eines seriellen Hybridantriebs beim Mazda MX-30 R-EV zurück.

Revolutionär: Viertüriger Sportwagen Mazda RX-8 mit RENESIS Kreiskolben-Motor

Blick in die Zukunft: Im Konzept RX-Vision präsentiert Mazda einen möglichen Kreiskolben-Motor der nächsten Generation

MAZDA IM MOTORSPORT
VOM NÜRBURGRING BIS LE MANS

SELBSTBEWUSSTE PREMIERE: Für den Einstieg in den internationalen Rennsport wählt Mazda die ganz große Bühne des Nürburgrings. Ausgerechnet im Mutterland des Wankelmotors wollen die Japaner die Haltbarkeit und Langstreckentauglichkeit des selbst entwickelten Zwei-Scheiben-Kreiskolben-Motors unter Beweis stellen. Zwei nur leicht modifizierte Cosmo Sport 110 S treten im August 1968 zum 84-Stunden-Rennen in der Grünen Hölle an. Einer kommt durch, wird Vierter in der Gesamtwertung und liefert das gewünschte Zuverlässigkeitszeugnis.

Die Motorsportkarriere des Cosmo Sport 110 S ist damit beendet, die von Mazda fängt gerade erst an. Schon ein Jahr darauf gehen bei den 24 Stunden von Spa-Francorchamps drei R 100 an den Start. Zwar fährt die Kreiskolben-Variante des Mazda Familia hier nur ein mäßiges Ergebnis ein, dafür deklassiert sie beim Grand Prix von Singapur die versammelte Konkurrenz. Noch eindrucksvoller startet ein Jahrzehnt später der gerade eingeführte Kreiskolben-Motor-Sportwagen RX-7, der dem Hubkolben-Establishment das Fürchten lehren soll. Dass ihm das tatsächlich gelingt, ist vor allem dem Rennstall des Schotten Tom Walkinshaw zu verdanken. Der stellt sein Talent im Umgang mit dem japanischen Rotary-Renner schon bei Siegen in der Britischen Meisterschaft der Jahre 1980 und 1981 unter Beweis und nimmt dann Kurs auf Spa-Francorchamps, wo er 1981 bei den 24 Stunden den ersten Sieg eines japanischen Herstellers überhaupt einfährt.

UNTERDESSEN IST MAZDA auch im japanischen und amerikanischen Motorsport siegreich unterwegs, doch die Krönung erfolgt wiederum auf europäischem Boden. Über Jahre nähert sich Mazda behutsam dem legendären Rundkurs von Le Mans an. Erste Privatteams sind dort schon Mitte der 1970er Jahre mit Mazda Fahrzeugen unterwegs, für die neu eingeführte Kategorie C entwickelt die Rennsportabteilung Mazdaspeed dann ab 1983 den offiziellen Prototypen namens 717 C mit 13 B-Kreiskolben-Motor.

NACH MEHREREN AUSBAUSTUFEN und Weiterentwicklungen, mit Vier-Scheiben-Kreiskolben-Motor, Kohlefaser-Chassis und optimierter Aerodynamik ist das von Le-Mans-Legende Jacky Ickx beratene Team 1991 mit dem 787B für das große Abenteuer besser gerüstet denn je. Johnny Herbert, Volker Weidler und Bertrand Gachot steuern den Kreiskolben-Mazda in einem sensationellen Rennen auf Platz eins, die beiden anderen 787 laufen auf den Plätzen sechs und acht ein. Es ist der erste und einzige Sieg eines Rennwagens mit Kreiskolben-Motor in Le Mans – nach Ablauf der Saison erhalten die derart überlegenen Wankeltriebwerke keine Zulassung mehr. Und es bleibt der Höhepunkt der Mazda Motorsporthistorie, die sich später auf Rallyes und in jüngerer Vergangenheit auf Graswurzel-Rennsport etwa mit den MX-5 Clubrennen konzentriert.

Hier wird Sportgeschichte geschrieben: Triumph in Le Mans für Mazda 787B, Clubrennen mit der Roadster-Ikone MX-5 und über 100 Siege mit Mazda RX-7

Premiere 1960 in Japan

TECHNISCHE DATEN

PRODUKTIONSZEITRAUM
1960 - 1969
....

IN DEUTSCHLAND
nicht angeboten
....

MOTOREN
V2-Benziner
....

HUBRAUM
356 cm³
....

LEISTUNG
12 kW/16 PS
....

KAROSSERIEFORMEN
Coupé

ALLER ANFANG
IST LEICHT

IM MAI 1960 rollt der erste vierrädrige Mazda Personenwagen auf die Straßen Japans – und macht Mazda über Nacht zu einem erfolgreichen Pkw-Hersteller. In einer Zeit, in der dank steigender Einkommen die Lust auf Motorisierung wächst, rückt dieses 2,98 Meter kurze Coupé den Traum vom eigenen Auto zu erschwinglichen Preisen in greifbare Nähe. Der Mazda R360 tritt in der steuerbegünstigten Kei-Car-Klasse an und sorgt dort für Furore. Er verkörpert alles, was einen Mazda ausmacht – Design, Innovationen, Leichtbau – und ist dank moderner Produktionstechniken zu höchst attraktiven Preisen zu haben.

Doch es sind nicht nur die Preise – auch technisch setzt der R360 Maßstäbe. Sein Leichtmetall-Zweizylinder ist der erste Viertakter im Segment, die Halbautomatik mit Drehmomentwandler ist ebenfalls ein Novum, und die weitgehend aus Leichtmetall bestehende Karosserie macht ihn zum leichtesten Auto des Landes. Schon vor dem Marktstart gehen mehr als 4.000 Bestellungen ein. Im Kei-Car-Segment erzielt der Newcomer zeitweise einen Marktanteil von 65 Prozent.

AUF DEM WEG ZUR ERSTEN MILLION

NACH DEM RIESIGEN ERFOLG des Coupés R360 präsentiert Mazda als zweites Pkw-Modell der Marke den Carol 360. Auf kaum drei Metern Länge bietet der zweitürige Carol Platz für vier Insassen – auch wegen seiner sensationellen inversen, also nach innen gekehrten Heckscheibe. Die Wettbewerber in der Kei-Car-Klasse sticht der Carol wie schon das R360 Coupé mit moderner Einzelradaufhängung und günstigen Preisen aus. Aufwendig ist auch der quer im Heck eingebaute, wassergekühlte Aluminium-Motor, der zu den kleinsten Vierzylinder-Benzinern der Welt zählt. 1963 erweitert Mazda die Modellfamilie um einen Viertürer – den ersten in dieser Klasse. Da ist die Marke längst unangefochtener Marktführer im Segment: 1962 sind es unglaubliche 67 Prozent.

Aus einem schon 1961 gezeigten Prototyp geht derweil der Carol 600 hervor, der mit seinem 586 cm³ großen Vierzylinder der Kei-Car-Klasse entwächst und den Mazda Verantwortlichen wichtige Erkenntnisse für den späteren Familia liefert. Es ist das erste Jubiläumsmodell des Unternehmens: Der einmillionste produzierte Mazda, der im März 1963 vom Band läuft, ist ein in Gold Metallic lackierter Carol 600.

TECHNISCHE DATEN

PRODUKTIONSZEITRAUM
1962 - 1970
....

IN DEUTSCHLAND
nicht angeboten
....

MOTOREN
Vierzylinder-Benziner
....

HUBRAUM
358 - 586 cm³
....

LEISTUNG
13 kW/18 PS -
21 kW/28 PS
....

KAROSSERIEFORMEN
zwei- und viertürige
Limousine

Mazda B-Serie

TECHNISCHE DATEN
MAZDA B-SERIE
MAZDA ROTARY PICK-UP

PRODUKTIONSZEITRAUM
1961 - 1977 (in zwei Generationen)
1973 - 1977

IN DEUTSCHLAND
nicht angeboten / nicht angeboten

MOTOREN
Vierzylinder-Benziner
Zwei-Scheiben-Kreiskolben-Motor

HUBRAUM / KAMMERVOLUMEN
1.484 - 1.796 cm³ / 2 x 654 cm³

LEISTUNG
44 kW/60 PS - 73 kW/98 PS
99 kW/135 PS

KAROSSERIEFORM
Pick-up / Pick-up

DAUERBRENNER PRITSCHE

ANFANG DER 1960ER JAHRE dringt Mazda, bis dahin vor allem als Nutzfahzeughersteller in Erscheinung getreten, nicht nur erfolgreich in die Pkw-Klasse vor, sondern baut parallel das Angebot im Pick-up-Segment aus. Seitdem ist die Marke durchgängig in diesem Segment vertreten, wenn auch nicht in allen Märkten. Der erste Pritschenwagen der neuen B-Serie, wegen seines 1.484-cm³-Motors B 1500 getauft, kommt im August 1961, bietet eine Tonne Nutzlast und ist auch in einer geschlossenen Kombivariante mit zwei Türen erhältlich.

In der zweiten Generation wird der Mazda Pick-up zum B 1600 und B 1800 weiterentwickelt, später folgen noch größere Motoren, Allradantrieb und Automatikgetriebe. Für Unikat-Charakter sorgt mal wieder der Kreiskolben-Motor. Er ist zwischen 1973 und 1977 im Rotary Pick-up auf Basis der zweiten Modellgeneration erhältlich, wird aber nur in Nordamerika verkauft. Es ist der weltweit erste und bis heute einzige Pick-up mit Kreiskolben-Motor.

Mazda Rotary Pick-up

Mazda Familia Kombi, ab 1963

FAMILIENBANDE IN DER KOMPAKTKLASSE

Mazda Familia Coupé, ab 1965

Mazda 1000/1300, ab 1974

EIN AUTO FÜR FAMILIEN, aus dem bald eine ganze Modellfamilie entsteht: Der Mazda Familia ist der erste Vorbote einer erfolgreichen Präsenz der Marke in der unteren Mittelklasse, die über Modelle wie den Familia 1000 und den Mazda 323 bis zum heutigen Mazda 3 reicht. Anfang der 60er Jahre will das Unternehmen zunächst eine Limousine entwickeln, findet in Marktforschungen aber heraus, dass Familien das Platzangebot von Nutzfahrzeugen gerne mit mehr Komfort verbinden würden. Mazda vermengt beides zum ersten Familia Kombi, der 1963 auf den Markt kommt und bis zu 44 Prozent Marktanteil in seiner Klasse hält. 1964 folgt die Familia Limousine, ein Jahr darauf das Coupé, beide in stilprägendem italienischem Bertone-Design. In zweiter Generation als 1000/1300 gehört der kompakte Mazda zum Startaufgebot in Deutschland.

TECHNISCHE DATEN
MAZDA FAMILIA
MAZDA 1000/1300

PRODUKTIONSZEITRAUM
1963 - 1967 / 1967 - 1977

IN DEUTSCHLAND
nicht angeboten / 1974 - 1977

MOTOREN
Vierzylinder-Benziner
Vierzylinder-Benziner

HUBRAUM
782 - 985 cm³ / 985 - 1.272 cm³

LEISTUNG
31 kW/42 PS - 50 kW/68 PS
35 kW/45 PS - 48 kW/66 PS

KAROSSERIEFORM
zwei- und viertürige Limousine,
Coupé, Kombi, Pick-up /zwei-
und viertürige Limousine, Coupé,
Kombi

DIE ERSTE DESIGNIKONE

DASS DIE MARKE MAZDA von den Anfängen bis heute als besonders designorientiert wahrgenommen wird, liegt vor allem am Luce, der als erster Mazda nach Europa exportiert wird. Charakteristisch an diesem Bertone-Entwurf sind vor allem die Doppelscheinwerfer und die typische A-Linie der italienischen Designschmiede: A-, B- und C-Säule stehen zueinander wie die senkrechten Linien eines A, die sich in einer gedachten Verlängerung in der Spitze des A treffen, die Dachlinie bildet dazu den Querstrich. Mit seiner eleganten Optik fährt der Luce dem einheimischen Wettbewerb um Jahre voraus, und praktische Vorzüge hat er auch: Als einziges Fahrzeug in der 1.500-cm³-Klasse bietet er Platz für sechs Insassen. 1968 schiebt Mazda den Luce 1800 mit 1,8-Liter-Motor und Lufthutze auf der Motorhaube nach; beworben wird er als „The Leading Lady".

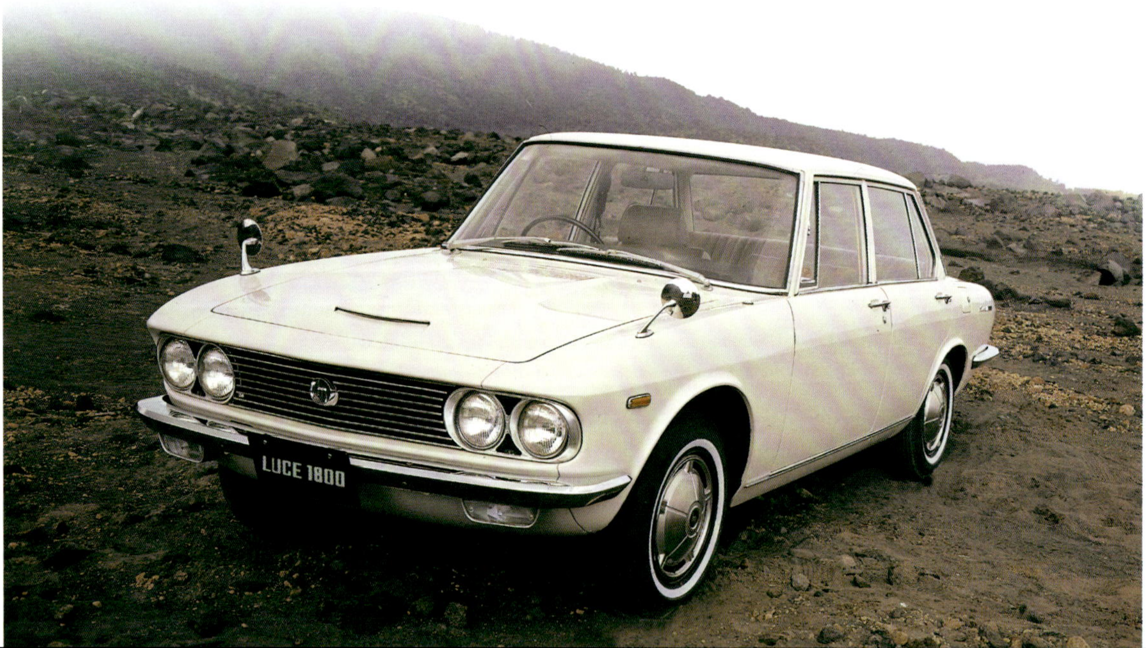

VIELSEITIGKEIT, SYMPATHISCH VERPACKT

Mazda Bongo

MIT VIELSEITIGKEIT trumpft auch der stattliche Geländewagen Pathfinder XV-1 auf, den Mazda Anfang der 1970er Jahre in einem neuen Werk in Burma, dem heutigen Myanmar, montiert.

Das robuste 4x4-Fahrzeug ist eine echte Rarität: Wahlweise mit Verdeck oder geschlossen sowie mit bis zu neun Sitzen verfügbar, kommt der in überschaubaren Stückzahlen produzierte Pathfinder vor allem bei Polizei, Militär und Behörden zum Einsatz.

IN JAPAN BESITZT DER MAZDA BONGO Kultstatus – und das liegt nicht nur an der sympathischen Modellbezeichnung, sondern auch an der Vielseitigkeit der Kleinbus- und Transporter-Baureihe, die Mazda ab 1966 in insgesamt vier Generationen produziert. Im Ausland treten die leichten Nutzfahrzeuge zunächst als F-Serie, ab 1977 dann als E-Serie in Erscheinung. Der erste Bongo wird von einem wassergekühlten 0,8-Liter-Heckmotor angetrieben und bietet 500 Kilogramm Nutzlast, später kommen weitere Antriebe sowie fröhliche Familien- und Freizeitversionen wie „Brawny", „Bondy" und „Friendee" hinzu.

Mazda Pathfinder XV-1

TECHNISCHE DATEN
MAZDA BONGO
MAZDA PATHFINDER XV-1

PRODUKTIONSZEITRAUM
1966 - 1975 (erste Generation)
1970 - 1973

IN DEUTSCHLAND
nicht angeboten / nicht angeboten

MOTOREN
Vierzylinder-Benziner
Vierzylinder-Benziner

HUBRAUM
782 - 987 cm³ / 2.000 cm³

LEISTUNG
27 kW/37 PS - 35 kW/48 PS
66 kW/90 PS

KAROSSERIEFORM
Kleinbus, Transporter, Pritsche, Reisemobil / Geländewagen

TECHNISCHE DATEN

PRODUKTIONSZEITRAUM
1967 - 1972

....

IN DEUTSCHLAND
nicht angeboten

....

MOTOREN
Zwei-Scheiben-
Kreiskolben-Motor

....

KAMMERVOLUMEN
2 x 491 cm^3

....

LEISTUNG
81 kW/110 PS -
95 kW/128 PS

....

KAROSSERIEFORM
Sportcoupé

IMAGETRÄGER UND WEGBEREITER

DREI JAHRE NACH DER PRÄSENTATION des ersten Cosmo-Prototypen auf der Tokyo Motor Show bringt Mazda 1967 den Cosmo Sport 110 S auf den Markt: einen Imageträger und Wegbereiter, der die Aufmerksamkeit der automobilen Welt schlagartig auf diese junge Marke aus Hiroshima lenkt. Das saubere Design, der lange hintere Karosserieüberhang und die neuartigen Plexiglasabdeckungen über den Scheinwerfern sind kaum weniger sensationell als der Antrieb: der weltweit erste Zwei-Scheiben-Kreiskolben-Motor mit Vierfach-Vergaser und Doppelzündung für jeden der beiden Rotoren. Der Motor sitzt hinter der Vorderachse, treibt die Hinterräder an und beschleunigt den 940 Kilogramm leichten Cosmo Sport 110 S in knapp neun Sekunden von null auf 100 km/h – Fahrleistungen, mit denen diese frühe Mazda Legende auch im Rennsport Erfolge feiert.

DER WANKEL-BOTSCHAFTER

ER IST DER ERSTE GLOBALE MAZDA BOTSCHAFTER für Kreiskolben-Motoren – und mit fast 100.000 verkauften Coupés und Limousinen auch der vorläufig wichtigste: Als erstes Exportmodell mit Kreiskolben-Motor macht der Mazda R100 ab Ende der 1960er Jahre das Antriebskonzept insbesondere auf dem US-Markt populär. Unter der Haube steckt das Triebwerk aus dem spektakulären Cosmo Sport 110 S, allerdings mit Einfachvergaser und etwas geringerer Leistung. Auch in deutschen Medien sorgt der vom kompakten Mazda Familia abgeleitete R100 für Aufsehen, wenngleich er hierzulande im Unterschied etwa zu Frankreich gar nicht angeboten wird. Die Journalisten attestieren ihm lebhafte Beschleunigung und Racing-Potential. Was der nur 800 Kilogramm wiegende R100 in einer überaus erfolgreichen Motorsportkarriere unter Beweis stellt.

TECHNISCHE DATEN

PRODUKTIONSZEITRAUM
1968 - 1973
....

IN DEUTSCHLAND
nicht angeboten
....

MOTOREN
Zwei-Scheiben-
Kreiskolben-Motor
....

KAMMERVOLUMEN
2 x 491 cm³
....

LEISTUNG
74 kW/100 PS
....

KAROSSERIEFORM
viertürige Limousine,
Coupé

TECHNISCHE DATEN

PRODUKTIONSZEITRAUM
1969 - 1971

IN DEUTSCHLAND
nicht angeboten

MOTOREN
Zwei-Scheiben-
Kreiskolben-Motor

KAMMERVOLUMEN
2 x 655 cm^3

LEISTUNG
93 kW/126 PS

KAROSSERIEFORM
Coupé

HERR DER STRASSE

NOCH ELEGANTER, NOCH ITALIENISCHER: Das ist der Luce R130, der auf der Tokyo Motor Show 1967 als RX-87 Touring Coupé Premiere feiert und aus den Studios der italienischen Carrozzeria Bertone stammt. Zwei Jahre nach dem Debüt geht das luxuriöse Hardtop-Coupé mit rahmenlos versenkbaren Fenstern und noblem Vinyldachbezug in Serie: mit Einzelradaufhängung vorne und hinten sowie einem kompakten Kreiskolben-Motor, der hier erstmals in einem Frontantriebs-Layout zum Einsatz kommt. „Lord of the Road" nennen die Japaner dieses ebenso leistungsstarke wie kostspielige Spitzenmodell von Mazda – ein früher Wettbewerber im damals gerade entstehenden Premium-Automobilmarkt, der in der öffentlichen Wahrnehmung aber ein wenig im Windschatten des Cosmo 110 S fährt.

MITTELKLASSE DER ERSTEN STUNDE

Mazda 616

ALS VORLÄUFER der berühmten Mittelklasse 626 schickt Mazda Anfang der 1970er Jahre den 616 ins Rennen. Viertürer und Coupé gehören zum Marktstart in Deutschland 1973 zu den Mazda Modellen der ersten Stunde und vermögen mit gutmütigem Fahrverhalten und stilsicherem Design zu gefallen. Den Antrieb besorgt ein 1,6-Liter-Benziner, auf anderen Märkten bietet Mazda die auch Capella genannte Baureihe zusätzlich mit einem größeren 1,8-Liter-Motor an. Ein Jahr nach dem Facelift 1976 rutscht das Coupé aus dem Modellprogramm für Deutschland. Ende der 1970er wird die Baureihe durch den neuen 626 abgelöst.

IN JAPAN UND DEN USA bildet der 616 außerdem die technische Basis für den Mazda RX-2 mit Zwei-Scheiben-Kreiskolben-Motor, der vor allem die Begeisterung der Amerikaner für den Rotary-Antrieb entfacht und befeuert.

Dazu trägt auch eine damals einzigartige Garantie über zwei Jahre oder 40.000 Kilometer bei. Außerdem gewinnt der Mazda RX-2 den wichtigen amerikanischen Medienpreis „Import Car of the Year".

Mazda RX-2 Coupé

**TECHNISCHE DATEN
MAZDA 616 / MAZDA RX-2**

PRODUKTIONSZEITRAUM
1970 - 1979 / 1970 - 1978

IN DEUTSCHLAND
1973 - 1979 / nicht angeboten

MOTOREN
Vierzylinder-Benziner
Zwei-Scheiben-Kreiskolben-Motor

HUBRAUM / KAMMERVOLUMEN
1.568 - 1.769 cm^3 / 2 x 573 cm^3

LEISTUNG
55 kW/75 PS - 74 kW/100 PS
88 kW/120 PS - 97 kW/130 PS

KAROSSERIEFORM
viertürige Limousine, Coupé
viertürige Limousine, Coupé

ROTIEREND IN DIE GROSSSERIE

ES IST DER GELUNGENE MIX aus gefälligen, aber unspektakulären Formen und dem einzigartigen Kreiskolben-Motor, der den Mazda RX-3 insbesondere in den USA zu einer Erfolgsgeschichte macht. Als Limousine, Kombi oder Coupé transferiert der RX-3 den „Rotary-Sporting-Spirit" von Mazda endgültig in die Großserie. Laufkultur, Vibrationsarmut und Kraftentfaltung werden allerorten hochgelobt, in Amerika gewinnt der Kreiskolben-Motor zweimal die Auszeichnung „Engine of the Year", und auch im Motorsport feiert der RX-3 bemerkenswerte Erfolge. Im Heimatland des Wankelmotors wird der RX-3 nur als Coupé angeboten: Es gehört zur Grundausstattung der Mazda Händler beim Deutschland-Start der Marke 1973. Sein Verbleib ist aber nur von kurzer Dauer: Die Ölkrise und auch hohe Preise setzen dem Coupé hierzulande zu.

TECHNISCHE DATEN

PRODUKTIONSZEITRAUM
1971 - 1977

IN DEUTSCHLAND
1973 - 1974

MOTOREN
Zwei-Scheiben-
Kreiskolben-Motor

KAMMERVOLUMEN
2 x 573 cm^3

LEISTUNG
70 kW/95 PS

KAROSSERIEFORM
viertürige Limousine,
Coupé, Kombi

ERSTER EINSTIEG

ER GEHÖRT ZUR MAZDA MODELLPALETTE der ersten Stunde – jedenfalls in Deutschland. Dort bildet der 818 ab 1973 zu Preisen ab knapp 9.000 Mark das Einstiegsmodell. Der nur gut vier Meter lange Mazda 818 bietet im Interieur Platz für die fünfköpfige Familie, in Japan nennt er sich deshalb Grand Familia. Ein Raumangebot, wie es sonst eher in der Mittelklasse anzutreffen ist. Und das in gleich drei Karosserieformen, wahlweise als Limousine, Kombi oder Coupé. Dazu passend sorgt ein kräftiger 1,6-Liter-Benziner für effizienten Vortrieb, der in den USA bei Testfahrten der Umweltbehörde EPA (Environment Protection Agency) mit 7,3 Liter Verbrauch auf 100 Kilometer als sparsamster Antrieb seiner Klasse ausgezeichnet wird. Auch in Deutschland ist der Mazda 818 deshalb ein Verkaufserfolg.

TECHNISCHE DATEN

PRODUKTIONSZEITRAUM
1971 - 1979

IN DEUTSCHLAND
1973 - 1979

MOTOREN
Vierzylinder-Benziner

HUBRAUM
1.272 - 1.586 cm^3

LEISTUNG
44 kW/60 PS -
55 kW/75 PS

KAROSSERIEFORM
viertürige Limousine,
Coupé, Kombi

Mazda 929 Coupé

TECHNISCHE DATEN
MAZDA 929 / MAZDA RX-4

PRODUKTIONSZEITRAUM
1972 - 1978 / 1972 - 1978

IN DEUTSCHLAND
1977 - 1978 / nicht angeboten

MOTOREN
Vierzylinder-Benziner
Zwei-Scheiben-Kreiskolben-Motor

HUBRAUM / KAMMERVOLUMEN
1.769 cm^3 / 2 x 654 cm^3

LEISTUNG
61 kW/83 PS
85 kW/115 PS - 97 kW/130 PS

KAROSSERIEFORM
viertürige Limousine, Coupé, Kombi
viertürige Limousine, Coupé, Kombi

DAS ERSTE FLAGGSCHIFF

SCHON AUF DER IAA 1973, kurz nach dem Start der
Marke in Deutschland, kündigt Mazda die Einführung
des Baureihe RX-4 mit Oberklasse-Flair und Kreiskolben-Motor an. Das in Japan als Luce Rotary angebotene, in drei Varianten als Coupé, Limousine und Kombi
verfügbare Modell soll es in dieser Antriebsform dann
aber doch nicht nach Deutschland schaffen. In seiner
konventionell angetriebenen Version mit Hubkolben-
Motor rollt er 1977 in die Schauräume der deutschen
Händler: Der 929 ist das erste Mazda Flaggschiff für
anspruchsvollere europäische Kunden.

Mazda RX-4 Coupé

Die Ausstattung ist gut, die konventionelle Fahrwerkstechnik im europäischen Vergleich immerhin Durchschnitt. Nach nur anderthalb Jahren ist für den ersten
929 schon wieder Schluss, der stattliche 929 L übernimmt die Rolle des Topmodells der Marke.

Mazda Roadpacer AP

DAS KEI-CAR UND DIE STAATSKLASSE

2,20 METER RADSTAND bei knapp drei Metern Fahrzeuglänge: Der Mazda Chantez punktet Anfang der 1970er Jahre mit dem größten Raumangebot in der Klasse der Kei Cars. Dies verdankt er dem Umstand, dass er als Nachfolger des Carol 360 dessen Fahrwerk und Hinterradantrieb mit einem Frontmotor verbindet. Vorgesehen ist zunächst ein leistungsstarker Kreiskolben-Motor, was aber Proteste der Wettbewerber bei der für Kei-Cars zuständigen Behörde verhinern. So vertraut der Chantez, der mit Optionen wie Audio-Stereoanlage, Sportsitzen und Zweifarblackierung Schick ins Segment bringt, auf einen konventionellen

Mazda Chantez

Zweizylinder-Zweitakter. Mit dem Produktionsende des Chantez im Jahr 1976 findet auch das Engagement von Mazda in der Kei-Car-Klasse einen vorläufigen Abschluss, erst Ende der 1980er steigt das Unternehmen mit der Marke Autozam wieder in das Segment ein.

NUR EIN KURZES INTERMEZZO bleibt der Mazda Roadpacer AP, der aus einer Kooperation mit General Motors hervorgeht. Die repräsentative Staatslimousine basiert auf dem Modell HJ Premier der australischen GM-Tochter Holden und erhält den Zwei-Scheiben-Kreiskolbenmotor aus dem Mazda RX-4.

TECHNISCHE DATEN
MAZDA CHANTEZ
MAZDA ROADPACER AP

PRODUKTIONSZEITRAUM
1972 - 1976 / 1975 - 1977

IN DEUTSCHLAND
nicht angeboten / nicht angeboten

MOTOREN
Zweizylinder-Zweitakt-Benziner
Zwei-Scheiben-Kreiskolben-Motor

HUBRAUM / KAMMERVOLUMEN
359 cm³ / 2 x 654 cm³

LEISTUNG
26 kW/35 PS / 99 kW/135 PS

KAROSSERIEFORM
zweitürige Steilheck-Limousine
viertürige Limousine

TECHNISCHE DATEN

PRODUKTIONSZEITRAUM
1974 - 1976

IN DEUTSCHLAND
nicht angeboten

MOTOREN
Zwei-Scheiben-
Kreiskolben-Motor

KAMMERVOLUMEN
2 x 654 cm^3

LEISTUNG
99 kW/135 PS

KAROSSERIEFORM
Reisebus

KREISKOLBEN-KULTUR
IM REISEBUS

KAUM EIN FELD, auf dem Mazda den Kreiskolben-Motoren die Chance verwehrt, die Vorteile ihrer geringen Baugröße und des geringen Gewichts auszuspielen. Vorzüge, die auch und gerade bei Nutzfahrzeugen gefragt sind. Im Juli 1974 rollt daher erstmals ein Reisebus von Mazda mit einem Kreiskolben-Motor auf die Straßen. Es ist der Parkway, den Mazda zwei Jahre zuvor auf Basis des Titan-Trucks zunächst mit konventionellem Antrieb eingeführt hat. Den Rotary Bus bietet Mazda in zwei Versionen an: Mit 26 Sitzplätzen und einer Höchstgeschwindigkeit von 120 km/h zählt der Parkway zu den weltweit schnellsten Bussen seiner Zeit. Mit 13 Sitzplätzen und hochwertiger Ausstattung bietet er erstklassigen Reisekomfort – nicht zuletzt dank des kultivierten Triebwerks.

COUPÉ MIT KUSCHELFAKTOR

MIT DER PREMIERE DIESES GRAN TURISMO auf der IAA 1975 signalisiert Mazda der ganzen Welt: Der Kreiskolben-Motor hat die erste Ölkrise überstanden, und wie! Im neuen RX-5 zeigt er sogar, dass weiteres Potenzial in der von Mazda vorangetriebenen Technik steckt. Im schicken Coupé arbeitet der modifizierte Zwei-Scheiben-Kreiskolben-Motor nicht nur sauberer als bisher, sondern auch effizienter – jedenfalls dann, wenn man den Fünfsitzer in moderatem Tempo bewegt. In Japan erfüllt der Mazda RX-5, der dort sehr erfolgreich als Cosmo AP angeboten wird, als erstes Auto die ab 1976 verschärften Abgasvorschriften. Vor allem aber ist der RX-5 ein luxuriös ausgestattetes Coupé mit kultiviert-kuschelig eingerichtetem Interieur für Kenner und Liebhaber.

TECHNISCHE DATEN

PRODUKTIONSZEITRAUM
1975 - 1978
(als Cosmo bis 1981)
....

IN DEUTSCHLAND
1975 - 1978
....

MOTOREN
Zwei-Scheiben-
Kreiskolben-Motor
....

KAMMERVOLUMEN
2 x 654 cm³
....

LEISTUNG
85 kW/115 PS -
99 kW/135 PS
....

KAROSSERIEFORM
Coupé

ZEITEN DES AUFSTIEGS

NACH MÜHEVOLLEM BEGINN STARTET MAZDA IN DEUTSCHLAND DURCH: Angetrieben von den Modellen 323 und 626 steigt die Marke bis Ende der 1980er zum erfolgreichsten japanischen Importeur auf. Mit der Mischung aus innovativer Technik, europäischem Design und japanischer Haltbarkeit überzeugt Mazda immer mehr Kunden – und steuert mit der Premiere des MX-5 1989 auf einen Höhepunkt der Unternehmensgeschichte zu.

- In 30 Tagen durch 13 Länder: Der kompakte Mazda 323 stellt auf der Fahrt von Hiroshima zur IAA in Frankfurt eindrucksvoll sein Potenzial als künftiger Mazda Bestseller unter Beweis
- Das auf über hundert Mitarbeiter gewachsene deutsche Mazda Team zieht 1978 in eine neue Zentrale nach Leverkusen-Hitdorf
- Start frei für zwei Ikonen: Der neue 626 wiederholt ab 1979 in der Mittelklasse den Erfolg des 323, mit dem RX-7 bringt Mazda einen reinrassigen Sportwagen auf den Markt
- Ende 1979 übernimmt Ford 25 Prozent der Mazda Anteile: Beginn einer langfristigen Kooperation beider Marken
- Mit der zweiten Generation des 323 wird 1980 der Frontantrieb bei Mazda eingeführt, das Kompaktfahrzeug wird auf Anhieb meistverkaufter japanischer Importwagen

Einer für alle: Mit dem 323 erobert Mazda die Kompaktklasse

Der Mazda 323 auf der Überseeische-Kandahar-Wüste 23.8.1977 in Afghanistan

Der Mazda 323 im Härtetest: 37 Tage ohne Rücksicht und Verluste.

Fast war's wie bei Jules Verne: In knapp 40 Tagen um die halbe Erde. Das Verkehrsmittel: Zwei Mazda 323 aus der Serie. Also technisch absolut unverändert. Zusätzlich waren lediglich ein Steinschlaggitter und ein Paar Extra-Scheinwerfer montiert. Zum Schutz der Fahrt, die sich auf diese Tor-Tour eingelassen hatten. Vier deutsche Automobil-Journalisten, die eine neutrale Berichterstattung garantierten.

Die Strecke: Non-stop Hiroshima – Frankfurt. Die Streckenverhältnisse: Waschbrett-

pisten in Malaysia – die Radaufhängung der 323er dämpfte erfreulicherweise auch die anfänglichen Pessimismus des Test-Teams. "Straßen" in Süd-Indien, über die seit anderen Jahreszeitmal-schneller ein Fluß bewegt – die Achsen der 323er verzogen nicht die Spur "Normale" Schotterstraßen in Iran und in Afghanistan rücksichtslos im 100 km/h-Schnitt. Der Motor reagiert auf Staub und Hitze gleichermaßen cool.

Und wenn auf Anatoliens Querfeld-Wagen der Wagenboden auf Grund ging und die

Federn nichts mehr zu federn hatten, boten die Sitze die nötige Stütze. Sie waren es auch, die maßgeblich dafür sorgten, daß während der gesamten Tour der Rücken der Fahrer nicht auf der Strecke und ihre physische Leistung nicht hinter der technischen zurückblieb. Beide Mazda 323 erreichten planmäßig am 18.9.1977 das Ziel. Bis auf eine Delle durch einen nachwandernden Büffel und eine Reifenpanne ohne den geringsten Defekt. Was zu beweisen war.

Mazda Motors (Deutschland) GmbH · Neusstraße 46–47 · 4050 Mönchengladbach

Eine der großen Automobilmarken der Welt.

*Für Fachmedien besser als die deutsche Mittel-
klasse: Mazda 626 (unten). Beliebtester Roadster
aller Zeiten wird der Mazda MX-5 (rechts unten)*

- Der 626 und der 323 stellen 1983 zusammen 90 Prozent des Absatzes der Marke, als erstes japanisches Auto gewinnt der Mazda 626 einen Vergleichstest einer Fachzeitschrift gegen ein Mercedes-Modell und in der nächsten Generation als erster Japaner einen Vergleichstest der „auto motor und sport"
- 1985: Mazda rüstet die Bestseller 323 und 626 mit einem geregeltem Drei-Wege-Katalysator aus
- Grundsteinlegung für das erste US-Werk in Flat Rock im Mai 1985, das 1987 den Betrieb aufnimmt und den MX-6 gemeinsam mit dem Ford Probe produziert; 1990 übernimmt Ford 50 Prozent der Anteile am Standort
- Nach 15-jähriger Präsenz auf dem deutschen Markt überschreitet Mazda 1987 die Marke von einer halben Million verkauften Autos

- Einführung des Mazda 626 4WS mit elektronischer Vierradlenkung 1988
- Weltpremiere des Mazda MX-5 auf der Chicago Auto Show im Februar 1989, Europapremiere im Herbst des gleichen Jahres auf der IAA
- Am Abend des Mauerfalls, dem 9. November 1989, wird der Mazda 323 in Berlin mit dem „Goldenen Lenkrad" ausgezeichnet, einem der angesehensten europäischen Autopreise

DER WEG NACH OBEN

Seit 1973 verkauft Mazda Autos in Deutschland, aber der endgültige Durchbruch erfolgt im Jahr 1977: Mit der Premiere des 323 auf der IAA kommt die Marke so richtig in Deutschland und Europa an. Der Mazda 323 ist das erste Kompaktklasse-Modell mit Heckklappe, das europäisches Steilheck-Design mit japanischer Zuverlässigkeit vereint – und das sich später zum meistverkauften japanischen Automobil in Deutschland entwickelt.

SPÄTESTENS IN DER ZWEITEN GENERATION ab 1983 startet auch der Mazda 626 durch. Ihm gelingt das vielleicht noch höher einzuschätzende Kunststück, sich in der prestige- und imageträchtigen Mittelklasse durchzusetzen. Zusammen bilden 626 und 323 die festen Säulen des Markenerfolges und treiben den Aufstieg von Mazda zum erfolgreichsten japanischen Importeur in Deutschland an. Darüber hinaus prägen technisch anspruchsvolle Modelle wie das schon zum Mazda Deutschland-Start angebotene Coupé RX-3 mit Kreiskolben-Motor und der ebenfalls von einem Kreiskolben-Motor angetriebene Sportwagen RX-7 mit Innovationsgeist und Leidenschaft die Art und Weise, wie Mazda in Deutschland wahrgenommen wird.

Wechselhafter gestaltet sich die Unternehmensentwicklung aus globaler Sicht. In den 1970ern machen die Ölkrise und verschärfte Umwelt- und Zulassungsbestimmungen der Marke zu schaffen, in den 1980ern erschweren strengere Importbestimmungen den Export von Mazda Fahrzeugen auf den wichtigen US-Markt. Zudem leidet Mazda immer wieder auch unter der dünnen Kapitaldecke. Unterstützung kommt von der Ford Motor Company, die 1979 bei Mazda einsteigt, Vorteile für die Entwicklung und Produktion neuer Modelle bringt und den Einstieg in die US-Produktion erleichtert.

In Deutschland feiert die Marke unterdessen Siege in Vergleichstests, Zufriedenheitsumfragen und Qualitätsstudien, baut ihre Präsenz mit einem Ersatzteillager und einem größeren Händlernetz weiter aus und legt den Grundstein für ein europäisches Entwicklungs- und Designzentrum im hessischen Oberursel bei Frankfurt. Es sind Jahre des scheinbar unaufhaltsamen Wachstums, gekennzeichnet von einem weiter steigenden Marktanteil und gekrönt von der Einführung des ersten Mazda MX-5, der sich in Windeseile zur gefeierten Markenikone aufschwingt.

Von Frischluftfans gefeiert: das Mazda RX-7 Cabriolet

AUFSTIEG EINES ANDERSDENKENDEN

Das Mazda-Programm.

DIE GESCHICHTE VON MAZDA IN DEUTSCHLAND BEGINNT OFFIZIELL am 23. November 1972: mit dem Eintrag der deutschen Vertriebsgesellschaft ins Düsseldorfer Handelsregister. Der Verkauf startet ein gutes Vierteljahr später am 1. März 1973.

Mazda

ist zu diesem Zeitpunkt schon in mehreren europäischen Ländern vertreten, verkauft hier seit 1967 Fahrzeuge, gründet im Sommer 1968 Mazda Motor Europe mit Sitz in Belgien und präsentiert im gleichen Jahr den Cosmo 110 S auf dem Pariser Salon, obwohl der in Europa gar nicht zu haben ist.

In Hilden bei Düsseldorf widmen sich zunächst sieben Mitarbeiter der Aufgabe, die Fahrzeuge der japanischen Marke dem deutschen Publikum schmackhaft zu machen. Drei Modellreihen gibt es zum Auftakt: den 616 und 818 jeweils als Limousine und Coupé sowie das Sportcoupé RX-3 mit Kreiskolben-Motor. Ein Portfolio, in dem sich schon damals der typische Charakter der Marke manifestiert und das die Basis für die spätere Weiterentwicklung des Modellprogramms legt.

SO WEIST DER MAZDA 616 als Urahn des aktuellen Mazda 6 den Weg in die Mittelklasse, der 818 zeigt das Potential eines gut ausgestatteten Kompaktklasse-Modells und das exklusive RX-3 Coupé demonstriert die überraschend große Langlebigkeit und Leistungsfähigkeit des Kreiskolben-Triebwerks. Ein zügiger Ausbau der Palette ist übrigens schon ausgemacht, wie sich auf der IAA 1973 zeigt: Die Kleinwagen 1000 und 1300

sowie der 929 und die Oberklassereihe RX-4 werden vorgestellt. Vor allem die Kreiskolben-Modelle sind auf dem Autosalon wahre Publikumsmagnete, künden sie doch von der Innovationsfreudigkeit und technischen Kompetenz der Marke.

Erster Bestseller: Mit dem kompakten 323 gelingt Mazda 1977 in Deutschland der Durchbruch

Nummer eins: In den 1980er Jahren wird Mazda die erfolgreichste japanische Marke in Deutschland

MEHR MÜHE HAT MAZDA zunächst in den Absatzstatistiken. Die Marke unbekannt, das Händlernetz dünn, dazu noch die beginnende Ölkrise: Das selbstbewusste Ziel, bis Ende des ersten Jahres 3.500 Fahrzeuge zu verkaufen, wird verfehlt, nur knapp 500 Exemplare finden einen Kunden. Zwei Jahre später setzt Mazda immerhin schon rund 4.800 Fahrzeuge ab. Und wieder zwei Jahre später – mit der Premiere des 323 auf der IAA 1977 – kommt der Durchbruch.

Mazda weiß, dass dieser erste japanische Kompakte mit Heckklappe ein Volltreffer ist, und setzt alle Hebel in Bewegung, das Modell bekanntzumachen. Vier deutsche Journalisten begeben sich daher Ende Juli 1977 auf eine Aufsehen erregende, 15.000 Kilometer lange Tour von Hiroshima nach Frankfurt. Ein Triumphzug für den 323, der auf diesem Trip

seine japanischen Tugenden Zuverlässigkeit und Haltbarkeit auf eindrucksvolle Weise unter Beweis stellt – aber auch die Entschlossenheit des Herstellers, in Deutschland und Europa für Furore zu sorgen.

NOCH IM PREMIERENJAHR stellt der 323 mehr als die Hälfte aller deutschen Mazda Zulassungen und später avanciert er zum beliebtesten japanischen Auto in Deutschland. Im Jahr 1978 zieht die deutsche Mazda Niederlassung in ein größeres Verwaltungsgebäude im Leverkusener Stadtteil Hitdorf, von wo aus auch die Ersatzteilversorgung erfolgt. Im Folgejahr startet der erste Mazda 626, der den Erfolg des 323 in der Mittelklasse wiederholt und später seinerseits zum erfolgreichsten Importmodell überhaupt aufsteigt. Außerdem der Kreiskolben-Sportler RX-7, der im Handumdrehen ausverkauft ist und das Image der Marke

stärkt. Deren Verkaufszahlen gehen jetzt durch die Decke: von rund 28.000 Einheiten im Jahr 1979 auf über 46.000 im Jahr darauf. Deutschland ist damit der zweitgrößte Exportmarkt für Mazda nach den USA.

ENDE DER 1980ER erreicht Mazda mit rund 90.000 Neuzulassungen einen Marktanteil von 3,2 Prozent. Es ist der vorläufige Höhepunkt des Aufstiegs der Marke: In kaum mehr als 15 Jahren hat sich das Unternehmen zum erfolgreichsten japanischen Automobilhersteller auf dem deutschen Markt entwickelt, zu einem Garanten für Zuverlässigkeit und einem Impulsgeber für Innovationen. Für all das steht der erste MX-5, der im Frühjahr 1990 auf den deutschen Markt kommt und mit dem Mazda in neue, aufregende und wechselvolle Zeiten aufbricht.

*Unten links und Mitte:
Die Unternehmenszentrale von Mazda Motors Deutschland und Mazda Motor Europe in Leverkusen-Hitdorf*

*Weltrekord:
Der Mazda MX-5 trifft mitten ins Herz und wird meistverkaufter Roadster*

MOTOREN UND ANTRIEBE
DER JAPANISCHE SONDERWEG

Auf eigene Art: mehr Dynamik und mehr Effizienz mit der einzigartigen Mazda Skyactiv Technologie

DAS VERLASSEN AUSGETRETENER PFADE GEHÖRT BEI MAZDA ZUM SELBSTVERSTÄNDNIS:
Noch nie hat sich der japanische Automobilhersteller gescheut, abseits des Mainstreams nach unkonventionellen Lösungen für die Herausforderungen motorisierter Mobilität zu suchen. Nicht immer ergeben sich dabei wirtschaftliche Erfolge, stets aber entwickelt Mazda innovative Antriebstechniken, die Wettbewerber, Kunden und Fachleute in aller Welt nachhaltig beeindrucken.

ALLRADLENKUNG 4WS

Mit der Vorstellung des Konzeptfahrzeugs MX-02 im Jahr 1983 setzt Mazda einen wahren Wettlauf in Gang: Denn diese Studie eines Familienautos beeindruckt nicht nur mit einer leichten Kohlefaser-Karosserie und einer in cW=0,25 gemessenen Windschnittigkeit; sie soll dank einer wegweisenden Allradlenkung auch in die engsten Parklücken zirkeln. Das inspiriert den Wettbewerb zur baldigen Entwicklung ähnlicher Techniken. Im Mazda 626 debütiert das System als Allradlenkung 4WS im Jahr 1987. Sie funktioniert geschwindigkeitsabhängig: Bei geringem Tempo lenken die Hinterräder entgegen der Richtung der Vorderräder, um den Wendekreis des Fahrzeugs zu verkleinern und das Einparken zu erleichtern; bei höheren Geschwindigkeiten richten sich die Hinterräder zugunsten höherer Fahrstabilität parallel zu den Vorderrädern aus.

Die erste ihrer Art:
Vierradlenkung 4WS im Mazda 626

Ihrer Zeit voraus: Comprex-Diesel (Bild oben) und Miller-Cycle im Xedos 9 (Bilder unten)

COMPREX-DRUCKWELLENLADER

Dem Turbo das Loch austreiben will Mazda ab 1986 mit dem Comprex-Druckwellenlader im Mazda 626. Der Durchzug, den konventionelle Turbolader in unteren und mittleren Drehzahlen erzeugen, ist den Mazda Ingenieuren zu dürftig. Sie setzen beim 2,0-Liter-Diesel im Mazda 626 ab 1993 auf den Comprex-Lader, der schon ab Leerlaufdrehzahl den Motor auflädt und damit das Turboloch schließt. Denn er wird von der Kurbelwelle angetrieben und reagiert deutlich schneller als konventionelle Abgasturbolader. Mit der Entscheidung für den Comprex sei der Grundstein gelegt für eine „langfristige Beziehung" mit weiter großem Entwicklungspotenzial, teilt Mazda bei der Vorstellung des 626 mit. Doch die Technik ist schwierig abzustimmen; die nächste Generation der Mittelklasse-Baureihe bekommt einen konventionellen Turbodiesel.

MILLER-MOTOR

Eine ingenieurstechnische Meisterleistung, die zwischendurch aus dem Fokus geriet: Der 2,3-Liter-V6 aus dem Flaggschiff Xedos 9 von 1995 arbeitet bereits nach dem Miller-Prinzip – und will mit länger geöffneten Einlassventilen die typischen Schubschwächen von Turbomotoren in unteren und mittleren Drehzahlen ausgleichen. Das besondere Arbeitsprinzip, das Mazda als erster Hersteller in einem Pkw nutzt, senkt das Verdichtungsverhältnis und die Temperatur vor dem Zünden und beim Verbrennen, reduziert damit die Klopfneigung und verbessert die Leistungsausbeute. So schöpft der Sechszylinder beachtliche 210 PS aus nur 2,3 Liter Hubraum; Mazda verspricht zudem bis zu zehn Prozent weniger Verbrauch gegenüber einem konventionellen Motor. 17 Jahre später kommt ab 2012 das Miller-Prinzip bei den hochmodernen Skyaktiv G

Benzin-Direkteinspritzern und evolutioniert im e-Skyactiv G
bis heute erneut zum Einsatz: Das späte Schließen der Ein-
lassventile verringert die sogenannten Pumpverluste und verbessert so den Wirkungsgrad bei geringer Leistungsabgabe
der mit 14,0:1 extrem hoch verdichteten Saugmotoren.

ALLRADANTRIEB I-ACTIV AWD

Das Austüfteln ausgeklügelter mechanischer Allradsysteme
gehört nie zu den vordringlichsten Aufgaben in den Entwick-
lungszentren von Mazda. Mit der aktuellen Ausführung des
i-Activ AWD Allradantriebs im Mazda CX-30, CX-5, CX-60
und Mazda 3 hat die Marke aber ein innovatives System ge-
funden, das das Bedürfnis nach Traktion und Fahrstabilität mit
dem Markenideal des Jinba Ittai vereint. Als sensorgesteuertes
und elektronisch geregeltes System regelt i-Activ AWD auf
Basis von 27 Sensoren und unterschiedlichen Informationen
zu den Absichten des Fahrers sowie den aktuellen Fahrbahn-
bedingungen die Drehmomentverteilung zwischen Vorder-
und Hinterachse. Ein manuelles Umschalten ist nicht erfor-
derlich: Im normalen Fahrbetrieb geht die Kraft aus Gründen
der Effizienz ausschließlich an die Vorderräder, bei drohen-
dem Schlupf leitet das System bis zu 50 Prozent der Antriebs-
kraft blitzschnell und schlupfunabhängig an die Hinterräder
weiter. Reibwiderstände und Energieverluste werden dabei
auf ein Minimum reduziert.

Allradantrieb mit Jinba Ittai: sensorgesteuertes und elektronisch geregeltes Mazda i-Activ AWD

DIE NEUE ZAHLENKUNDE

TECHNISCHE DATEN

PRODUKTIONSZEITRAUM
1977 - 1980

IN DEUTSCHLAND
1977 - 1980

MOTOREN
Vierzylinder-Benziner

HUBRAUM
985 - 1.425 cm^3

LEISTUNG
33 kW/45 PS -
51 kW/70 PS

KAROSSERIEFORM
Drei- und Fünftürer,
Kombi

MIT DEM START DES ERSTEN MAZDA 323 im Jahr 1977 beginnt für Mazda in Deutschland eine neue Zeitrechnung: Die aus drei Ziffern bestehende Modellbezeichnung, das moderne Schrägheck – hier riecht alles nach Anfang. Ein Eindruck, den Mazda mit einer eindrucksvollen Interkontinentalfahrt von Hiroshima zur Frankfurter IAA im Herbst 1977 noch befeuert. Den 40-tägigen Trip über 15.000 Kilometer absolviert der 323 anstandslos und signalisiert schon einmal, wo er sich in den künftigen Qualitäts- und Zuverlässigkeits-Rankings zu platzieren gedenkt. Dieser knuffige Kompakte, so viel ist den meisten Beobachtern bald klar, hat das Zeug, die automobile Landschaft in seinem Segment nachhaltig zu prägen.

Gleich im ersten Jahr stellt er mehr als die Hälfte aller Mazda Zulassungen. In den folgenden 25 Jahren soll Mazda vom ersten asiatischen Kompakten mit moderner Heckklappe in Deutschland fast 800.000 Einheiten verkaufen.

Mazda 323, ab 1980

Mazda 323, ab 1985

SCHNÖRKELLOS AN DIE SPITZE

MIT DER ZWEITEN GENERATION stellt Mazda den 323 Anfang der 80er Jahre auf Frontantrieb um, führt leichtere und sparsamere Motoren ein, verbessert das Fahrverhalten und vergrößert das Raumgebot auf ein Maß, das den Durchschnitt in dieser Klasse deutlich übertrifft. Eine Mischung, die den 323 zusammen mit dem schnörkellosen Styling – insbesondere die Frontpartie wirkt nun deutlich moderner – in den Jahren 1981 und 1982 zum meistgekauften japanischen Auto in Deutschland macht. Zu haben ist der 323 als Schrägheck mit drei oder fünf Türen sowie erstmals auch als Viertürer mit Stufenheck.

DIE KOMBIVARIANTE übernimmt Mazda zunächst vom Vorgänger und führt erst beim nächsten Modellwechsel, der 1985 erfolgt, die Neuauflage mit Frontantrieb ein. In der dann dritten Generation präsentiert sich der Mazda 323 in allen Varianten aerodynamischer, bietet noch mehr Platz und Komfort und versucht nun auch verstärkt, sportliche Akzente zu setzen. Dem neuen Topmodell GT mit Spoilern und Niederquerschnittsreifen gelingt das auf zurückhaltende Weise, mehr Tamtam macht später der Turbo 4WD 16V mit Allradantrieb. Auf einigen Märkten gibt es sogar ein Cabriolet.

TECHNISCHE DATEN
MAZDA 323, ZWEITE GENERATION
MAZDA 323, DRITTE GENERATION

PRODUKTIONSZEITRAUM
1980 - 1985 / 1985 - 1989

IN DEUTSCHLAND
1980 - 1985 / 1985 - 1989

MOTOREN
Vierzylinder-Benziner
Vierzylinder-Benziner und -Diesel

HUBRAUM
1.071 - 1.490 cm³ / 1.071 - 1.708 cm³

LEISTUNG
40 kW/55 PS - 63 kW/85 PS
40 kW/54 PS - 110 kW/150 PS

KAROSSERIEFORM
Drei- und Fünftürer, viertürige Limousine, Kombi
Drei- und Fünftürer, Kombi, Cabriolet

Mazda 323 GT-R

TECHNISCHE DATEN

PRODUKTIONSZEITRAUM
1989 - 1994

....

IN DEUTSCHLAND
1989 - 1994

....

MOTOREN
Vierzylinder-Benziner
und -Diesel

....

HUBRAUM
1.324 - 1.840 cm³

....

LEISTUNG
41 kW/57 PS -
136 kW/185 PS

....

KAROSSERIEFORM
Dreitürer, fünftüriges
Coupé F, viertürige
Limousine, Kombi

Mazda 323 F

COUPÉ-AVANTGARDE IN DER KOMPAKTKLASSE

NOCH EIGENSTÄNDIGER präsentieren sich die Karosserie-varianten des Mazda 323 in der vierten Generation, die auf der IAA 1989 Premiere feiert – zusammen mit dem Europa-debüt der neuen Roadster-Ikone MX-5. Auch dem neuen Kompakten kann man ein gewisses Potenzial zur Ikone bescheinigen: nicht nur wegen seiner anhaltenden Verkaufs-erfolge, sondern auch weil er als 323 F in kompakter fünftü-riger Coupé-Form avantgardistische Trends setzt. Die Presse bejubelt das Klappscheinwerfer-Coupé, das optisch so gar

nicht zur sachlichen Baureihe passen will, und die Kunden machen den F aus dem Stand zum wichtigsten und meist-verkauften 323. Im Angebot bleiben darüber hinaus das Schrägheck mit drei Türen, die viertürige Stufenhecklimou-sine und der erst 1986 erneuerte Kombi, der unverändert weitergebaut wird. 1992 wird die Baureihe vom 185 PS starken Mazda 323 GT-R gekrönt, der mit permanentem Allradantrieb als Homologationsmodell für die Rallye-WM nur 500 mal in Deutschland verkauft wird.

DER GRUNDSTEIN IST GELEGT

DIESE ZAHLENKOMBINATION soll die Geschicke der Marke Mazda über die nächsten zweieinhalb Jahrzehnte prägen: Mit dem 626 bringt Mazda eine Mittelklasse-Baureihe moderner Prägung nach Europa und legt den Grundstein für eine beispiellose Erfolgsgeschichte. Eine viertürige Familienlimousine und ein sportives Coupé, die sich mit ihren europäisch inspirierten Designlinien nicht nur von Baureihen wie dem massigen 929 unterscheiden, sondern sich auch vorteilhaft von der asiatischen Konkurrenz in Europa abheben.

Gutes Design kann bezahlbar sein, das beweist Mazda insbesondere mit dem 626 Coupé, das Publikum und Presse mit seinem schwebend leichten Dachpavillon im Hardtop-Design begeistert. Der Antrieb wirkt in der ersten Modellgeneration noch auf die Hinterräder, unter der Motorhaube sitzt ein Vierzylinder mit 1,6 oder 2,0 Liter Hubraum.

TECHNISCHE DATEN

PRODUKTIONSZEITRAUM
1978 - 1982

IN DEUTSCHLAND
1979 - 1982

MOTOREN
Vierzylinder-Benziner

HUBRAUM
1.586 - 1.970 cm³

LEISTUNG
55 kW/75 PS -
66 kW/90 PS

KAROSSERIEFORM
viertürige Limousine,
Coupé

TECHNISCHE DATEN

PRODUKTIONSZEITRAUM
1982 - 1987
....

IN DEUTSCHLAND
1983 - 1987
....

MOTOREN
Vierzylinder-Benziner
und -Diesel
....

HUBRAUM
1.587 - 1.998 cm³
....

LEISTUNG
46 kW/63 PS -
88 kW/120 PS
....

KAROSSERIEFORM
vier- und fünftürige
Limousine, Coupé, Cabrio-
let (Lorenz und Küwe)

DER DURCHBRUCH

ENDGÜLTIG ZUM BESTSELLER wird der Mazda 626 – jetzt mit Frontantrieb und Einzelradaufhängung – in der 1983 eingeführten zweiten Generation. „Der Deutsche aus Japan", wie die Presse schon den Vorgänger nannte, schwingt sich zum meistverkauften Importmodell seiner Klasse auf und fängt auch noch an, der etablierten deutschen Konkurrenz in Vergleichstests empfindliche Niederlagen beizubringen. Unter der Motorhaube des Mazda 626 arbeiten neue Vierzylinder, das auch als effizienter Diesel und bahnbrechender Benziner mit Vierventiltechnik. Neben Coupé und Stufenhecklimousine sind ein fünftüriges Fließheck sowie ein Cabrio-Umbau von Lorenz und Küwe im Angebot. Diese Variantenvielfalt, die umfangreiche Ausstattung, tadellose Fahreigenschaften, das gute Raumangebot und dazu das stilsichere Design sind die Faktoren, die die Begehrlichkeit des Mittelklässlers in der ersten Hälfte der 80er Jahre immer weiter steigern. Es ist auch für Mazda der endgültige Durchbruch: Der 626 und der kompakte 323 machen die Marke zum absatzstärksten japanischen Importeur in Deutschland.

FAMILIENZUWACHS

WÄHREND DIE DRITTE GENERATION des Mazda 626 im Herbst 1987 gleich nach ihrer Premiere auf der IAA nur behutsam verändert in die Schauräume rollt, baut Mazda das Modellprogramm ein knappes Jahr später weiter aus. Ein praktischer Kombi mit üppigem Gepäckabteil trägt seinen Teil dazu bei, dass der 626 im Jahr 1988 neue Absatzrekorde in Deutschland einfährt. Die elektronisch geregelte Allradlenkung 4WS, ab dem Winter des gleichen Jahres verfügbar, soll zudem die Rolle der Baureihe als Innovationsträger

unterstreichen. Auch ein permanenter Allradantrieb – ab 1990 angeboten in Verbindung mit einem serienmäßigen Vier-Kanal-ABS und dem stärksten Benziner – ist zu dieser Zeit alles andere als selbstverständlich.

TECHNISCHE DATEN

PRODUKTIONSZEITRAUM
1987 - 1992

IN DEUTSCHLAND
1987 - 1992

MOTOREN
Vierzylinder-Benziner
und -Diesel

HUBRAUM
1.998 - 2.184 cm³

LEISTUNG
44 kW/60 PS -
103 kW/140 PS

KAROSSERIEFORM
vier- und fünftürige
Limousine, Coupé, Kombi

MITTELKLASSE AUF AMERIKANISCHE ART

VIEL PLATZ FÜR WENIG GELD: Mit der zweiten Modellgeneration, in Deutschland 929 L getauft, setzt sich der große Mazda in der gehobenen Mittelklasse fest. Den Mazda 929 L gibt es zunächst als stattlichen Viertürer, 1979 folgt die Kombi-Version Variabel – beide wirken durch die voluminösen Formen mit mächtigem Grill für den europäischen Geschmack amerikanisch. Nach dem Facelift 1980 gibt sich die Frontpartie geglättet. Den optischen Eindruck mag der 90-PS-Benziner unter der Haube, der dem Mazda Modellprogramm in verschiedenen Ausbaustufen über Jahrzehnte erhalten bleiben soll, nicht entkräften. Innovativ ist jedoch damals die ab 1981 verfügbare Umrüstung auf LPG-Autogas. Gelobt wird von der Fachpresse überdies das komfortabel abgestimmte Fahrwerk des Mazda Flaggschiffs.

TECHNISCHE DATEN

PRODUKTIONSZEITRAUM
1978 - 1982

IN DEUTSCHLAND
1978 - 1982

MOTOREN
Vierzylinder-Benziner

HUBRAUM
1.956 cm^3

LEISTUNG
66 kW/90 PS

KAROSSERIEFORM
viertürige Limousine, Kombi

FILIGRANER ZAUBER

Mazda 929 Coupé, ab 1982

Mazda 929, ab 1987

DER GERÄUMIGE KOMBI der Vorgänger-Baureihe schafft es noch in die dritte 929-Generation – ansonsten ist der große Mazda nach dem Modellwechsel 1982 kaum wiederzuerkennen. Vor allem nicht als Coupé. Der vom japanischen Mazda Cosmo abgeleitete Zweitürer verzaubert mit flacher Dachlinie, langer Haube, Klappscheinwerfern und versenkbaren Opera-Fenstern in den B-Säulen. Auch das Fahrwerk mit vorderer Einzelradaufhängung und Schräglenker-Hinterachse genügt nun europäischen Ansprüchen. Sachlicher, aber dennoch deutlich filigraner als der Vorgänger wirkt auch die neue Limousine.

MIT DEM WECHSEL AUF DIE VIERTE GENERATION 1987 verschwindet das Coupé bedauerlicherweise aus dem Programm, auch ein Kombi wird nicht mehr angeboten. Der 929 wächst auf knapp 4,90 Meter Länge und will es noch einmal mit konservativer Nüchternheit wissen – ein echtes Flaggschiff, angemessen motorisiert mit einem kultivierten Dreiventil-V6, dem der ganz große Durchbruch in Deutschland dann aber doch verwehrt bleibt.

**TECHNISCHE DATEN
MAZDA 929, DRITTE GENERATION
MAZDA 929, VIERTE GENERATION**

PRODUKTIONSZEITRAUM
1982 - 1987 / 1987 - 1991

IN DEUTSCHLAND
1982 - 1987 / 1987 - 1991

MOTOREN
Vierzylinder-Benziner
Vierzylinder-Benziner und V6-Benziner

HUBRAUM
1.970 - 1.998 cm³ / 1.998 - 2.918 cm³

LEISTUNG
66 kW/90 PS - 88 kW/120 PS
85 kW/115 PS - 140 kW/190 PS

KAROSSERIEFORM
viertürige Limousine, Coupé, Kombi
viertürige Limousine

DIE WANKEL-IKONE

TECHNISCHE DATEN

PRODUKTIONSZEITRAUM
1978 - 1985

IN DEUTSCHLAND
1979 - 1985

MOTOREN
Zwei-Scheiben-
Kreiskolben-Motor

KAMMERVOLUMEN
2 x 573 cm^3

LEISTUNG
77 kW/105 PS -
121 kW/165 PS

KAROSSERIEFORM
Sportcoupé

ER IST DIE MAZDA IKONE DER FRÜHEN 80ER JAHRE:
Mit dem RX-7 bringt die Marke das erfolgreichste Modell mit Kreiskolben-Motor überhaupt auf den Markt. Fast 500.000 Einheiten wird Mazda bis 1985 von diesem aufregenden Klappscheinwerferkeil und dezidierten Sportwagen verkaufen, der den Gran Turismo RX-5 ablöst. In den USA zieht er locker am härtesten Rivalen, dem Porsche 924, vorbei, erzielt mehr als 100 Siege bei IMSA-Rennen und räumt jeden Zweifel an der Haltbarkeit des Kreiskolben-Motors mit der damals einzigartigen 150.000-Kilometer-Garantie beiseite. Die gibt es nur jenseits des großen Teichs, aber auch hierzulande gewinnt das avantgardistische 2+2 Coupé viele Fans, nicht nur wegen seines Antriebs, sondern auch wegen seiner begeisternden Proportionen und schönen Details wie der großen gläsernen Heckklappe. Nur für Kenner gibt es vom Karossier Lorenz und Küwe 30 Cabriolet-Umbauten des RX-7. Mit einer nur in den USA erhältlichen Turbo-Version des RX-7 krönt Mazda die sensationelle Karriere der ersten Generation dieses Klappscheinwerfer-Sportwagens. Einen dieser 165 PS starken RX-7 Turbo schenkt Mazda 1984 Felix Wankel, dem genialen Erfinder der Kreiskolben-Motoren.

MIT TURBO, OHNE DACH

NEUE OPTIK, NEUER MOTOR, NEUES FAHRWERK: Nach dem Debüt 1985 in den USA kommt die zweite Generation des Mazda RX-7 im April 1986 runderneuert auf den deutschen Markt. Unter dem im klassischen Sportwagen-Chic der 80er gezeichneten Blech – Ähnlichkeiten mit zeitgenössischen Porsche-Konkurrenten sind wie schon beim Vorgänger nicht von der Hand zu weisen – lauert später sogar ein Turbo-Kreiskolben-Motor, den die Ingenieure im Laufe des Lebenszyklus auf bis zu 200 PS steigern. Ebenfalls im Einsatz: eine mitlenkende Hinterachse und eine geschwindigkeitsabhängige Servolenkung. Seinen größten Auftritt feiert der Sportwagen aber erst auf der Frankfurter IAA 1987, denn dort debütiert mit dem RX-7 Cabriolet das weltweit erste Open-Air-Serienauto mit Kreiskolben-Motor. Die Frischluftfans sind begeistert vom elektrisch bedienbaren Verdeck mit serienmäßigem Windschott. Der mittlere Teil des Dachs lässt sich zudem separat herausnehmen, das RX-7 Cabrio sich damit in einen Targa verwandeln.

TECHNISCHE DATEN

PRODUKTIONSZEITRAUM
1985 - 1992

IN DEUTSCHLAND
1986 - 1992

MOTOREN
Zwei-Scheiben-
Kreiskolben-Motor

KAMMERVOLUMEN
2 x 654 cm^3

LEISTUNG
110 kW/150 PS -
147 kW/200 PS

KAROSSERIEFORM
Sportcoupé, Cabriolet

ROBUSTE RAUMFAHRZEUGE

TECHNISCHE DATEN
MAZDA E-SERIE (BONGO)
MAZDA MPV

PRODUKTIONSZEITRAUM
ab 1983 (bisher in 5 Generationen)
1988 - 1999
....

IN DEUTSCHLAND
1984 - 2001 / 1994 - 1999
....

MOTOREN
Vierzylinder-Benziner und -Diesel
V6-Benziner, Vierzylinder-Diesel
....

HUBRAUM
1.998 - 2.184 cm³ / 2.499 - 2.954 cm³
....

LEISTUNG
46 kW/63 PS - 70 kW/95 PS
85 kW/115 PS - 113 kW/154 PS
....

KAROSSERIEFORM
Kombi, Kleinbus, Transporter,
Pritschenwagen / Großraumlimousine

MIT DEM E 2000 UND E 2200 startet die Bus- und Transporterreihe von Mazda 1984 in die dritte Generation. Der Bongo, der im Export schon seit 1977 E-Serie heißt, ist in der Neuauflage in drei Radständen als Kastenwagen und Kombi mit bis zu neun Sitzen verfügbar – allesamt Frontlenker mit flacher Schnauze und guter Raumausnutzung.

Die Motoren – zur Wahl stehen ein Benziner aus dem 626 und ein 2,2 Liter-Diesel – verbergen sich unter den Vordersitzen. Für besondere Einsatzzwecke hält Mazda später eine Allradversion bereit.

KAUM WENIGER ROBUST fällt der erste MPV aus, mit dem Mazda schon 1988 in ein Segment einsteigt, das man in den USA Minivans nennt. In Europa, wo der MPV erst sechs Jahre später vorstellig wird, spricht man lieber von Großraumlimousinen und verweist auf die stattlichen inneren Dimensionen dieser Raumgleiter, die beim Mehrzweckfahrzeug aus dem Hause Mazda mit 4,47 Metern Länge äußerlich eher kompakt ausfallen. Sieben Sitze sind dennoch an Bord. Nach nur zwei Jahren überarbeitet Mazda den MPV, der nun auf 4,67 Meter Länge wächst und noch mehr Platz bietet. Für Europa gibt es nun auch einen effizienten Diesel.

Mazda E-Serie

Mazda MPV

DER NEUE KLEINE MAZDA

MIT SEINEM RIESIGEN FALTSCHIEBEDACH, das fast die komplette Dachfläche freigibt und sich elektrisch bedienen lässt, erobert der Mazda 121 die Herzen der deutschen Kleinwagenkäufer. Dabei lässt er eine zehn Jahre alte Modellbezeichnung wiederaufleben: Schon Ende der 70er hat Mazda das Wankelmotor-Coupé RX-5 auf einigen Märkten als 121 L mit Hubkolbenmotor verkauft.

Mit dessen sportlicher Extravaganz hat der neue kleine Mazda aber nichts gemeinsam: Er baut das Modellprogramm unterhalb des 323 aus und punktet auf nur 3,48 Meter Länge als praktischer City-Flitzer mit einer verschiebbaren Rückbank, während das Sondermodell Petite Fleur mit Momo-Lederlenkrad, edlen Sitzbezügen, Alurädern und Anthrazit-Metalliclack Lifestyle-Glanz in die Baureihe bringt. Sogar weltweit macht der Mazda 121 Karriere – unter anderem als Kia Pride und Ford Festiva. Danach beendet Mazda das Drillingsprojekt: Den nächsten 121 gibt es ausschließlich als Mazda.

TECHNISCHE DATEN

PRODUKTIONSZEITRAUM
1986 - 1993

IN DEUTSCHLAND
1988 - 1991

MOTOREN
Vierzylinder-Benziner

HUBRAUM
1.139 cm³

LEISTUNG
40 kW/55 PS -
44 kW/60 PS

KAROSSERIEFORM
Dreitürer

DIE WILDEN 90ER

DIE POLITISCH WIE WIRTSCHAFTLICH UNRUHIGEN 90ER JAHRE setzen der Marke Mazda weltweit zu. Die Wende-euphorie rund um den Mauerfall und die Öffnung neuer Märkte weicht bald einem gehörigen Kater – zumal auch nicht jede modellspezifische und markenstrategische Entscheidung, die in Hiroshima getroffen wird, von Erfolg gekrönt ist. Gegen Ende des Jahrzehnts findet Mazda wieder zurück in die Spur.

Familien-Vans für eine neue Dekade: Mazda MPV, Premacy und Demio

- Fernfahrt über offene Grenzen: Sechs Mazda Fahrzeuge machen sich im Sommer 1990 auf eine 15.000 Kilometer lange Tour von Hiroshima nach Leverkusen
- In Oberursel bei Frankfurt wird 1990 das europäische Forschungs- und Entwicklungszentrum von Mazda eröffnet
- Nach seinem Debüt 1989 kommt der MX-5 ein Jahr später endlich nach Deutschland
- Als erster und bisher einziger japanischer Hersteller gewinnt Mazda am 23. Juni 1991 die legendären 24 Stunden von Le Mans; der neu entwickelte Rennwagen 787B wird von einem Vier-Scheiben-Kreiskolben-Motor angetrieben
- 1992 bezieht Mazda Motors Deutschland die neue Unternehmenszentrale in Leverkusen-Hitdorf

Fahrspaßformel MX: Mazda MX-5, MX-6 und MX-3

Ein Sieg für die Ewigkeit: Als einziger Hersteller gewinnt Mazda mit einem Kreiskolben-Rennwagen die 24 Stunden von Le Mans

Europäischer Thinktank für japanische Autos: Mazda Entwicklungszentrum Oberursel bei Frankfurt

Premium-Avantgarde: Die Fachwelt ist begeistert von den formvollendeten Mazda Xedos 6 und Xedos 9 mit kultivierten Sechszylindern und hocheffizientem Miller-Cycle-Motor

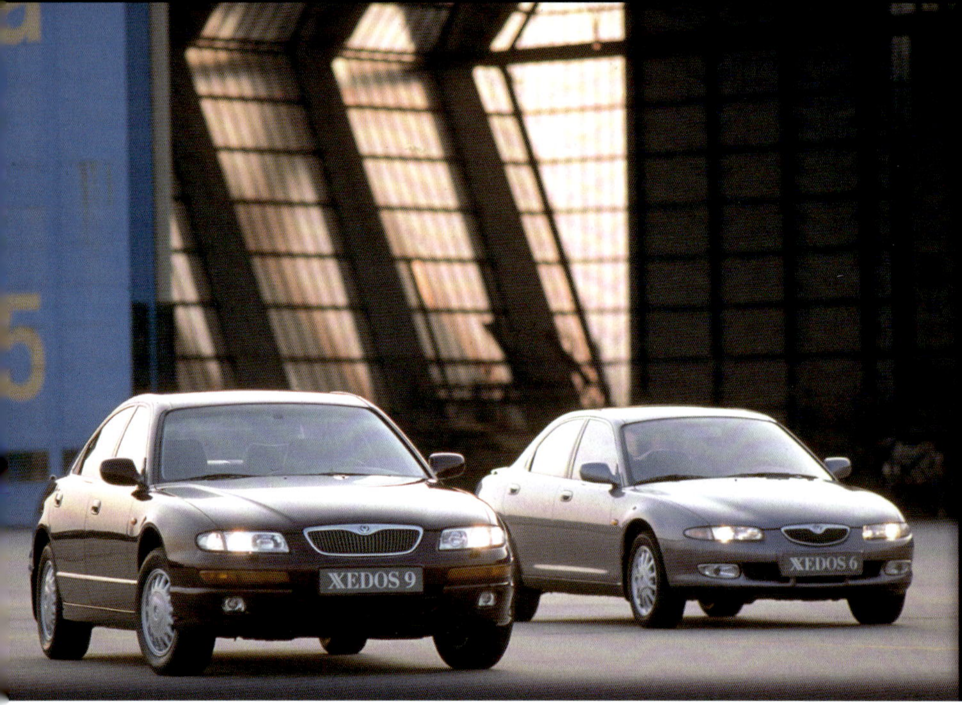

- Unter dem Kürzel „MX" entern 1991 weitere Modelle den deutschen Markt: der kompakte Sportler MX-3 – mit dem kleinsten Serien-Sechszylinder der Welt – und das große Sportcoupé MX-6; nicht weniger emotional ist der neue 121 gezeichnet, der mit seiner rundlichen Karosserie für Diskussionsstoff sorgt
- Auf dem Genfer Salon 1992 debütiert das gehobene Mittelklassemodell Xedos 6
- 1995 führt Mazda den Xedos 9 mit Miller-Cycle-Motor ein
- Die 1997 vorgestellte Generation des 626 ist der erste Mazda mit neuem Fünfpunktgrill
- Der kompakte Variationskünstler Mazda Demio eröffnet 1998 ein neues Marktsegment; im gleichen Jahr geht die zweite Generation des MX-5 an den Start
- Mit dem Premacy gehört Mazda 1999 zu den Pionieren des Kompaktvan-Segments

RÜCKENWIND UND RÜCKBESINNUNG

MIT JEDER MENGE RÜCKENWIND STARTET MAZDA IN DIE 90ER JAHRE: Ausgerechnet am Abend des Mauerfalls, am 9. November 1989, wird der Mazda 323 in Berlin mit dem „Goldenen Lenkrad" ausgezeichnet. Eine 15.000 Kilometer lange Tour mit sechs Mazda von Ost nach West im Sommer 1990 verläuft erfolgreich, und der Hype, der sich rund um die Premiere des Roadsters MX-5 entwickelt, erfasst auch Deutschland, wo das gesamte Jahreskontingent binnen Stunden über die Ladentheke geht.

Aufbruchstimmung allerorten also, beflügelt vom Motorisierungswillen der Ostdeutschen und einer neuen Mehrmarken-

strategie von Mazda, die – in anderen Teilen der Welt – unter anderem den Edelableger Eunos und die Minimarke Autozam hervorbringt. Zwei Eunos-Modelle kommen auch nach Deutschland: Als Xedos 6 und Xedos 9 sprechen sie anspruchsvolle Kunden im gehobenen Segment an.

Doch bald merkt Mazda, wie dünn die Luft dort oben ist, und weil auch der neue, zu stattlich geratene 626 von 1992 weniger gut ankommt als erwartet und die Autokonjunktur in Deutschland den Nach-Wende-Kater kriegt, kommt die Marke Mitte der 90er aus dem Tritt. Anderswo sieht es nicht besser aus: Der Wechselkurs des Yen verschlechtert sich, die Produktionszahlen halbieren sich, Ford erhöht seine Anteile an Mazda auf eine Kontrollmehrheit von 33,4 Prozent und schickt Manager Henry Wallace, um als erster nicht-japanischer Mazda Präsident das Ruder herumzureißen.

Die Wende gelingt mit „Monotsukuri": Hinter diesem Begriff, der für die typische japanische Fertigungskunst steht, verbirgt sich ein Zehn-Jahres-Plan zur Modernisierung und gleichzeitigen Rückbesinnung auf alte Stärken. Er schafft die Voraussetzungen für die Konsolidierung des Unternehmens, für die Rückkehr zur Profitabilität – und für die Neuausrichtung der Marke, die im neuen Jahrtausend für Furore sorgen wird.

Ein neues Logo in edler Metall-Optik symbolisiert seit 1997 das Bekenntnis zu höchster Qualität

Langzeit-Bestseller: In fünfter Generation zeigt sich der Mazda 626 mit neuem Fünf-Punkt-Kühlergrill

FORMEN IN BEWEGUNG

Die Kunst der fließenden Form:
Mazda Concept Cars Taiki, Nagare,
Hakaze und Ryuga

ALS TECHNIK- UND DESIGNORIENTIERTE MARKE LOTET MAZDA seit jeher neue Gestaltungsmöglichkeiten für die Fahrzeuge der Zukunft aus. Auf Automobilmessen in aller Welt bringt das Unternehmen mit Hilfe unterschiedlichster Konzeptfahrzeuge seine Vision einer Mobilität zum Ausdruck, in der sich die Funktionalität industriellen Designs mit der Mazda Leidenschaft für Autos und das Autofahren zu einer einzigartigen emotionalen Mischung formen.

Schon mit dem ersten Serien-Pkw der Unternehmensgeschichte, dem R360 Coupé, und dem auf der Tokyo Motor Show 1964 als Studie präsentierten Cosmo 110 S zeigen die Mazda Designer ihr Bestreben, über die Gestaltung der Fahrzeuge eine unverwechselbare Markenpersönlichkeit zu erarbeiten. Stilbildend sind schon damals einfache, klare Linien, filigrane Oberflächen und Formen, die Bewegung verkörpern und das technische Konzept des Fahrzeugs unterstützen: den Kreiskolben-Motor zum Beispiel, der im Cosmo 110 S zum Einsatz kommt. Später, auf der Tokyo Motor Show 2002, legt Mazda mit dem Cosmo 21 noch einmal eine moderne Interpretation des Sportwagens auf.

ÜBERHAUPT, DIE SPORTWAGEN: Schon 1970 zeigt Mazda in Tokio mit dem RX-500 einen Hochleistungssportler mit Kunststoffkarosserie. Der Kreiskolben-Motor, um den die Mazda Concept Cars immer wieder aufs Neue kreisen, sitzt hier direkt hinter den Frontpassagieren. In den Prototypen HR-X und HR-X2 von Anfang der 90er Jahre wird das Kreiskolben-Aggregat sogar mit Wasserstoff betrieben. Zentrale Bedeutung hat auch das Thema Leichtbau und der damit verbundene Einsatz von Aluminium, glasfaserverstärkten Kunststoffen und anderen fortschrittlichen Materialien.

DAS ERSTE IN DEUTSCHLAND GEZEIGTE CONCEPT-CAR, das 1983 auf der IAA präsentiert wird, ist eine zukunftsweisende Raumvision: Der von Bertone entworfene MX-81 überrascht innen mit schwenkbaren Sitzen und einem Gliederband als Lenkrad und inspiriert außen mit seiner flachen Front das spätere 323 F Coupé.

Erste Mazda Stilstudie für Europa: der MX-81 mit Bertone-Design

Rassiges Rotary-Concept für die 1970er: Mazda RX-500

Made in Germany:
Mazda Gissya aus
Oberursel/Frankfurt

Das neu gegründete europäische Forschungs- und Entwicklungs-zentrum in Oberursel legt 1990 als ersten Entwurf ein futuristi-sches MPV-Konzept namens Gissya mit Drei-Scheiben-Kreis-kolben-Motor und Allradlenkung vor.

IN DEN 90ERN ERFORSCHT MAZDA weiter verschiedene Raumkonzepte: Die beiden Van-Studien MS-X und SW-X stam-men ebenfalls aus Oberursel und stehen auf der IAA 1997, der Neospace von 1999 ist ein Minivan-Konzept für das B-Segment. Auch Designmerkmale wie der Fünfpunkt-Kühlergrill sind zu dieser Zeit erstmals zu sehen. In Detroit 2005 stellt die Marke mit dem MX-Crossport den ersten Designentwurf für die später so erfolgreichen Crossover-SUV vor. Die zweite Hälfte des Jahr-zehnts steht dann im Zeichen der Designsprache Nagare, die unter dem neuen Mazda Designchef Laurens van den Acker ent-wickelt wird. Sie treibt den Grundgedanken, Formen und Lini-en aus der Natur auf das Automobildesign zu übertragen, über mehrere Studien wie den Nagare von 2006, den Ryuga von 2007 und den Kiyora von 2008 auf die Spitze.

DEN VERSPIELTEN CHARAKTER der Nagare-Konzepte legt das Mazda Designteam unter dem neuem Design-Chef Ikuo Maeda schließlich zu den Akten, bewahrt aber die Idee, sich von der Natur zu automobilen Formen der Bewegung inspirieren zu lassen.

Es ist, wie das bildschöne viertürige Coupé Shinari auf der Los Angeles Auto Show 2010 erstmals zeigt, eine höchst attraktive und elegante Form der Bewegung: die neue Design-sprache Kodo – Soul of Motion. Diese prägt die Formgebung aller aktuellen und zukünftigen Modelle und hat Mazda nach Meinung von Medien und Experten zu einer echten Designer-Automarke aus Japan gemacht.

Wasserstoff-Vision von 1991:
Mazda HR-X

*Gestern Vision, heute
Realität: Designsprache
Kodo beim Mazda
Shinari (2010)*

*Seriennaher SUV-
Vorbote: Mazda MX
Crossport von 2005*

DIE GESCHICHTE DES MAZDA MX-5
VOM FAHRSPASS-VIRUS INFIZIERT

DIE ERFOLGSGESCHICHTE DES MAZDA MX-5 lässt sich nicht ohne einen Verweis auf die legendären britischen Roadster der 50er und 60er Jahre erzählen, die offenen und unverfälschten Fahrspaß massentauglich machen.

*Einzigartig in der Sport-
wagenwelt: eine Million
Mazda MX-5 in vier
Generationen*

*Offen für frischen
Fahrspaß: der jüngste
Mazda MX-5*

Es ist eine Zeit, in der die Straßen frei sind und der Sprit billig – und die spätestens mit der Ölkrise der 70er ihr Ende findet. Verschärfte Umwelt- und Sicherheitsregelungen und die notorische Unzuverlässigkeit der britischen Zweisitzer drohen, einer ganzen Fahrzeugklasse den Garaus zu machen.

DOCH SCHON ENDE DER 1970ER Jahre wird die Saat für das Comeback dieser Fahrzeuggattung gelegt. Der amerikanische Motorjournalist Bob Hall pflanzt dem damaligen Mazda Entwicklungs-Chef Kenichi Yamamoto die Idee ein, einen günstigen

Roadster reloaded:
Mazda MX-5 von
1989 und 1998

Sportwagen zu bauen, einen einfachen Roadster nach britischem Vorbild. Die passende Skizze fertigt Hall gleich selbst an. In Schwung kommt das Projekt aber erst mit der Ernennung Yamamotos zum Mazda Präsidenten im Jahr 1984, der sich bei Ausfahrten durch die japanischen Hakone-Berge in einem Triumph Spitfire erst so richtig vom Roadster-Virus infizieren lässt.

WÄHREND ALLE WELT gerade auf ein Layout mit Frontantrieb und Frontmotor wechselt, setzt Mazda auf die klassische Sportwagenstruktur: Motor vorne, Antrieb hinten, dazu ein klares, reines und freundliches Design. Es ist der Vorschlag des kalifornischen Mazda Designstudios, auf den die Wahl fällt und

der trotz seiner Nähe zu den legendären britischen Vorbildern eigenständige charismatische Linien findet. An einem kalten Februarmorgen 1989 debütiert schließlich das Serienmodell des MX-5 auf der Chicago Auto Show und fährt geradewegs in die Herzen der Fans.

DIESE LEICHTIGKEIT: Schon im Stand entfaltet sich der unwiderstehliche Charme des kleinen Roadsters, der deutlich unter 1.000 Kilogramm bleibt und dessen Stoffverdeck man so lässig nach hinten werfen kann. Dass unter der Motorhaube ein 1,6-Liter-Vierzylinder mit moderaten 115 PS arbeitet, macht den MX-5 nur noch attraktiver. Mit jeder Faser verkörpert er den Gedanken des Jinba Ittai, jener Einheit von

Pferd und Reiter beim japanischen Ritual des Bogenschießens, die seither für die ganz spezielle Form des Mazda Fahrvergnügens steht. In dieser Philosophie kommt es eben nicht auf schiere Kraft und protzige Leistung an, sondern auf Harmonie und den Gleichklang von Aktion und Reaktion.

KANN MAN DEM MX-5 DENN GAR NICHTS VORWERFEN?
Allenfalls die viel zu geringen Produktionskapazitäten. Die führen etwa dazu, dass zwischen der Europapremiere auf der IAA im Herbst 1989 und der deutschen Markteinführung im Frühling 1990 ein halbes Jahr vergeht und dann das erste für Deutschland vorgesehene Jahreskontingent in kaum drei Tagen verkauft ist.

ZU SPITZENZEITEN STEIGEN DIE VERKAUFSZAHLEN in Europa auf über 21.000 Fahrzeuge pro Jahr an – befördert von immer neuen Sondermodellen mit Sammlerwert und der 1998 eingeführten zweiten Modellgeneration. Das Erklimmen neuer Rekordhöhen wird im Mai 2000 ganz offiziell bestätigt: Mit 532.000 produzierten Exemplaren der ersten und zweiten Generation führt das Guinness Buch der Rekorde den Mazda MX-5 fortan als meistverkauften zweisitzigen Sportwagen aller Zeiten. Die Millionenmarke lässt er schließlich im April 2016 hinter sich – eine unglaubliche Errungenschaft für ein Modell, das einst in einem totgeglaubten Fahrzeugsegment zu seinem einmaligen Siegeszug aufgebrochen ist.

Generationentreffen: der erfolgreichste Roadster aller Zeiten

Mazda 121, ab 1990

TECHNISCHE DATEN
MAZDA 121, ZWEITE GENERATION
MAZDA 121, DRITTE GENERATION

PRODUKTIONSZEITRAUM
1990 - 1998 / 1995 - 2002

IN DEUTSCHLAND
1991 - 1995 / 1996 - 2002

MOTOREN
Vierzylinder-Benziner
Vierzylinder-Benziner und -Diesel

HUBRAUM
1.324 cm³ / 1.242 - 1.753 cm³

LEISTUNG
39 kW/53 PS - 53 kW/72 PS
37 kW/50 PS - 55 kW/75 PS

KAROSSERIEFORM
viertürige Limousine
Drei- und Fünftürer

FASZINATION FALTDACH

DIE ZWEITE GENERATION DES MAZDA 121 ist zweifellos eine Sensation. Runde organische Formen prägen das Biodesign, das zu jener Zeit im Trend liegt – exemplarisch zu beobachten am nach oben gewölbten Kuppeldach, das im Innenraum für großzügige Platzverhältnisse sorgt. Hinzu kommen praktische Details wie eine verschiebbare Rücksitzbank und das fabelhafte Faltdachkonzept. Das „Drei-Wege-Canvas-Top" kann elektrisch von vorn nach hinten, von hinten nach vorn und gleichzeitig in beide Richtungen betätigt werden. Am Anfang ist es sogar serienmäßig an Bord – kein Wunder, dass sich die Lieferzeiten schnell auf mehrere Monate summieren. Später gehört das Faltdach zum Lieferumfang der Top-Version GLX und des Sondermodells Concert.

Mazda 121, ab 1995

DIE DRITTE GENERATION DES MAZDA 121 gerät konventioneller. Als technischer Zwilling des Ford Fiesta vermag er keine optischen Glanzlichter zu setzen, punktet dafür aber mit soliden inneren Werten. Dazu zählen effiziente Diesel. Produziert wird er ab 1995 bei Ford in England; als dort 2002 der Fiesta ausläuft, endet auch die Geschichte des Mazda 121.

Mazda 323, ab 1994

Mazda 323, ab 1998

KOMPAKTE VIELFALT

DIE VIELFALT BLEIBT – AUCH OHNE KOMBI: In der fünften Generation stellt sich der Mazda 323 als dreitüriges Coupé, viertüriges Stufenheck und fünftüriges Fließheck vor, jede Variante stammt aus einem anderen Designstudio. Den schwersten Stand hat überraschenderweise der in Japan gezeichnete, sportliche Dreitürer 323 C, er wird schon 1997 durch das konservativere Schrägheck 323 P ergänzt.

Vielfalt herrscht auch unter der Motorhaube, unter der nicht nur Vierzylinder in verschiedenen Größen Platz finden, sondern auch ein V6 mit 144 PS, den man aus den Xedos-Modellen kennt.

DER NACHFOLGER tritt ab 1998 nur noch als viertürige Limousine und als Fünftürer mit Schrägheck an, dazu bleibt der dreitürige 323 P der Vorgängerbaureihe im Programm. Weil der Radstand wächst und die Rückbank sich verschieben lässt, bietet der neue Mazda 323 mehr Platz im Innenraum und dank der 626-Komponenten im Fahrwerk ein reiferes Fahrverhalten. Und dann ist Schluss: Nach 26 Jahren, sechs Generationen und mehreren Millionen verkauften Einheiten startet Mazda mit dem Nachfolger Mazda 3 ins neue Zoom-Zoom-Zeitalter.

TECHNISCHE DATEN
MAZDA 323, FÜNFTE GENERATION
MAZDA 323, SECHSTE GENERATION

PRODUKTIONSZEITRAUM
1994 - 1998 / 1998 - 2003

IN DEUTSCHLAND
1994 - 1998 / 1998 - 2003

MOTOREN
Vierzylinder-Benziner und -Diesel,
V6-Benziner
Vierzylinder-Benziner und -Diesel

HUBRAUM
1.324 - 1.998 cm³ / 1.324 - 1.998 cm³

LEISTUNG
52 kW/71 PS - 106 kW/144 PS
54 kW/73 PS - 96 kW/131 PS

KAROSSERIEFORM
viertürige Limousine, drei- und fünftüriges
Fließheck, dreitüriges Steilheck
Fünftürer, viertürige Limousine

TECHNISCHE DATEN

PRODUKTIONSZEITRAUM
1991 - 1997

IN DEUTSCHLAND
1992 - 1997

MOTOREN
Vierzylinder-Benziner und
-Diesel, V6-Benziner

HUBRAUM
1.840 - 2.497 cm^3

LEISTUNG
55 kW/75 PS -
121 kW/165 PS

KAROSSERIEFORM
Fünftürer, viertürige
Limousine

NEUE GRÖSSE

STEIGT IHM DER ERFOLG EIN WENIG ZU KOPF? Deutschlands beliebtester Japaner wächst in der vierten Modellgeneration auf knapp 4,70 Meter Länge und nimmt damit fast schon deutsche Premium-Limousinen ins Visier. Zumal der im Februar 1992 eingeführte Mazda 626 auch technisch jede Menge zu bieten hat: einen leistungsstarken 2,5-Liter-V6 etwa, zwei neue DOHC-16-Ventiler, einen der weltweit ersten hocheffizienten Diesel mit Comprex-Druck-wellenlader sowie permanenten Allradantrieb und die elektronisch geregelte Allradlenkung 4WS. Die neue Größe der vier- und fünftürigen Limousinen wird durch das elegante Design stilvoll kaschiert, nur der Frontpartie mangelt es ein wenig an Präsenz. Einen neuen Kombi gibt es nicht: Das Modell der Vorgängerbaureihe wird weiter angeboten, während das frühere 626 Coupé als MX-6 neue Eigenständigkeit gewinnt.

GESUNDES MASS

NACH DEM AUSFLUG IN HÖHERE GEFILDE schrumpft der Mazda 626 in der fünften Generation wieder auf ein gesundes Normalmaß. Und zwar derart gekonnt, dass das Platzangebot im Innenraum trotz der um zwölf Zentimeter kürzeren Außenlänge und des gleichbleibenden Radstandes sogar zulegt und das Ladevolumen die 500-Liter-Marke reißt. Mitverantwortlich ist die höhere Dachlinie, die der Mazda

Mittelklasse Bestwerte bei der Kopffreiheit beschert. Zur neuen Luftigkeit passt der Abschied vom durstigen V6, auch die Vierzylinder werden weiter auf Effizienz getrimmt, außerdem schiebt Mazda einen modernen Diesel nach. Und für die Ehrenrunde – die fünfte Auflage des Mazda 626 ist gleichzeitig die letzte vor dem Start des Mazda6 – gibt es endlich auch wieder einen neu entwickelten Kombi.

TECHNISCHE DATEN

PRODUKTIONSZEITRAUM
1997 - 2002

IN DEUTSCHLAND
1997 - 2002

MOTOREN
Vierzylinder-Benziner
und -Diesel

HUBRAUM
1.840 - 1.998 cm³

LEISTUNG
66 kW/90 PS -
100 kW/136 PS

KAROSSERIEFORM
Fünftürer, viertürige
Limousine, Kombi

TECHNISCHE DATEN

PRODUKTIONSZEITRAUM
1989 - 1998

IN DEUTSCHLAND
1990 - 1998

MOTOREN
Vierzylinder-Benziner

HUBRAUM
1.598 - 1.840 cm³

LEISTUNG
66 kW/90 PS -
96 kW/131 PS

KAROSSERIEFORM
Roadster

DIE RENAISSANCE DES ROADSTERS

DIE ERFINDUNG DES MODERNEN ROADSTERS: Als die ersten Mazda MX-5 rund ein Jahr nach der Premiere auf der Chicago Auto Show in Deutschland eintreffen, stehen die Kunden Schlange; manche zahlen bis zu 50 Prozent Aufschlag auf den Einführungspreis von 35.500 Mark, um sich ein Exemplar zu sichern. Keine vier Meter lang, 955 Kilogramm leicht, mit sympathischem Klappscheinwerfer-Design, niedrigem Schwerpunkt und Front-/Mittelmotor für eine ideal austarierte Balance zwischen Vorder- und Hinterachse bringt er die perfekten Voraussetzungen mit für unverfälschten Fahrspaß. Auf schiere Motorleistung kommt es dabei gar nicht an – der 1,6-Liter-Benziner des ersten MX-5 entwickelt lebhafte, aber doch bescheidene 115 PS und 135 Nm; sondern darauf, dass das Auto genau das tut, was der Fahrer von ihm verlangt. Ein Erfolgsrezept, dem der schnell zur Markenikone aufsteigende Roadster bis heute treu bleibt.

ALTE STÄRKEN – NEUER BLICK

ALS 1997 DIE ZWEITE GENERATION DES MX-5 auf der Tokyo Motor Show debütiert, steuern die Verkaufszahlen schon auf die Marke von einer halben Million Einheiten zu.

Kein leichtes Erbe also, das der intern „NB" genannte Neue antritt – zumal die vom ersten MX-5 ausgelöste Roadster-Revolution inzwischen jede Menge Nachahmer auf den Plan gerufen hat. Design-Retuschen schärfen das Profil des Zweisitzers, der leicht bleibt, aber minimal größer und kraftvoller wird. Am auffälligsten ist der Wegfall der Klappscheinwerfer; für manche ein wehmütiger Abschied, der aber das Gewicht senkt – um 5,6 Kilogramm – und den Fußgängerschutz verbessert. Auch das Stoffverdeck, das sich so einfach wie eh und je bedienen lässt, wird leichter, obwohl die Plastikheckscheibe des Vorgängers sogar durch eine aus beheizbarem Glas ersetzt wird.

TECHNISCHE DATEN

PRODUKTIONSZEITRAUM
1998 - 2005

IN DEUTSCHLAND
1998 - 2005

MOTOREN
Vierzylinder-Benziner

HUBRAUM
1.598 - 1.840 cm³

LEISTUNG
81 kW/110 PS -
107 kW/146 PS

KAROSSERIEFORM
Roadster

SPORTLICHE PHALANX

TECHNISCHE DATEN
MAZDA MX-3 / MAZDA MX-6

PRODUKTIONSZEITRAUM
1991 - 1998 / 1991 - 1997

IN DEUTSCHLAND
1991 - 1998 / 1992 - 1997

MOTOREN
Vierzylinder- und V6-Benziner
Vierzylinder- und V6-Benziner

HUBRAUM
1.598 - 1.845 cm³ / 1.991 - 2.497 cm³

LEISTUNG
65 kW/88 PS - 98 kW/133 PS
85 kW/115 PS - 121 kW/165 PS

KAROSSERIEFORM
Sportcoupé / Coupé

Mazda MX-3

Mazda MX-6

DIE PREMIERE DES MAZDA MX-5 im Frühjahr 1989 setzt eine wahre Sport-Offensive in Gang. Zweieinhalb Jahre später debütieren auf der IAA 1991 zwei Coupés: der Mazda MX-3 auf Basis des kompakten 323 und der in den USA gezeichnete und zusammen mit dem Ford Probe entwickelte Mazda MX-6. Im Vergleich zum Roadster schöpfen die beiden geschlossenen Sportwagen motortechnisch durchaus aus dem Vollen. Für den 2+2-Sitzer MX-3 entwickeln die Mazda Ingenieure sogar einen äußerst flach bauenden Aluminium-Sechszylinder: zu jener Zeit der kleinste Großserien-V6.

DER MX-6 BASIERT AUF DEM 626 und heißt in seinen ersten Jahren auch so: 626 Coupé. Erst mit dem 1991 vollzogenen Modellwechsel reiht er sich in die junge Phalanx der MX-Sportler ein und überzeugt dort vor allem mit guten Fahreigenschaften und einer optionalen, elektronisch geregelten Vierradlenkung. Exklusiv bleibt der elegante Zweitürer allerdings auch in den Stückzahlen, wird der MX-6 in Deutschland doch nur an 2.700 Fans verkauft.

DER LETZTE IST DER SCHNELLSTE

EIN JAHR NACH DEM LEGENDÄREN LE-MANS-SIEG des Wankel-Renners 787B bringt Mazda mit der dritten Generation des RX-7 den ultimativen Sportwagen mit Kreiskolben-Motor auf den Markt. Der vorläufig letzte Mazda RX-7 präsentiert sich puristischer, leichter und agiler als alle Vorgänger. 1.310 Kilogramm Leergewicht, 176 kW/240 PS Leistung: Ergebnis dieser Rechnung ist ein beispielhaftes Leistungsgewicht von 5,4 Kilogramm pro PS, zu verdanken den Aluminium-Doppelquerlenkern im neuen Fahrwerk

und vielen weiteren Leichtbaumaßnahmen. Änderungen in der Abgasgesetzgebung setzen dem Export nach Deutschland im Jahr 1996 ein jähes Ende, in Japan läuft der schnelle Klappscheinwerfer-Sportler noch bis 2003 und erstarkt dort mit sequentiellem Twin-Turbo sogar auf 206 kW/280 PS.

Als er sich mit dem limitierten Sondermodell Spirit R verabschiedet, genießt der bis dahin schnellste Serien-Mazda aller Zeiten längst Kultstatus.

TECHNISCHE DATEN

PRODUKTIONSZEITRAUM
1991 - 2003

IN DEUTSCHLAND
1992 - 1996

MOTOREN
Zwei-Scheiben-
Kreiskolben-Motor

KAMMERVOLUMEN
2 x 654 cm³

LEISTUNG
176 kW/240 PS

KAROSSERIEFORM
Sportcoupé

EUNOS FÜR EUROPA

INDIVIDUALITÄT STATT IMPONIERGEHABE, edel statt luxuriös: Oberhalb der traditionellen Mittelklasse macht Mazda neue Premium-Zielgruppen ausfindig und bedient sie in den 90er Jahren mit den Xedos Modellen. Bis heute gilt der Xedos 6 – in Asien als Eunos 500 angeboten – als Meisterwerk der Formgestaltung und als Vorbild für moderne viertürige Coupés.

Unter der verführerischen Verpackung der Premium-Mittelklasse verbirgt sich ein innovativer 2,0-Liter-V6-Benziner, der Oberklasse-Noblesse und hervorragende Laufkultur bietet. Ein ebenso kultivierter wie kraftvoller Sechszylinder, mit dem Mazda bereits Anfang der 1990er Jahre erfolgreich das verfolgt, was andere Automobilhersteller erst viele Jahre später für sich entdecken: größere Effizienz für niedrige Verbrauchswerte.

Später folgt noch ein Vierzylinder. Weltweit wichtigster Markt für den Xedos 6 ist Deutschland. Dennoch genügen die Verkaufserfolge nicht, um das Premium-Modell fortzuführen.

TECHNISCHE DATEN

PRODUKTIONSZEITRAUM
1992 - 1999

IN DEUTSCHLAND
1992 - 1999

MOTOREN
Vierzylinder- und
V6-Benziner

HUBRAUM
1.598 - 1.995 cm^3

LEISTUNG
79 kW/107 PS -
106 kW/144 PS

KAROSSERIEFORM
viertürige Limousine

AUSFLUG IN DIE OBERKLASSE

EIGENSTÄNDIG, ELEGANT, EXKLUSIV: Ein Jahr nach der formvollendeten Mittelklasse-Limousine Xedos 6 steigt Mazda mit dem stattlichen und gleichzeitig grazilen Xedos 9 in die Oberklasse ein.

Stilvolle Zurückhaltung prägt den Auftritt des 4,80 Meter langen Viertürers, der dafür technisch überaus selbstbewusste Akzente setzt: Neben zwei konventionellen Sechszylindern ist ein 2,3-Liter-V6-Miller-Cycle verfügbar, der mit länger geöffneten Einlassventilen und Druckwellenlader für eine bessere Leistungseffizienz, weniger Schadstoffe und einen geringeren Verbrauch sorgt – eine ingenieurstechnische Meisterleistung. Zum Modelljahr 2001 gibt es noch einmal ein Facelift und viel Feinarbeit am Fahrwerk. Mit Ablauf des Jahres 2002 endet die Produktion des Xedos 9 – und damit auch die Oberklasse-Strategie von Mazda.

TECHNISCHE DATEN

PRODUKTIONSZEITRAUM
1993 - 2002

IN DEUTSCHLAND
1993 - 2002

MOTOREN
V6-Benziner, V6-Miller-Cycle-Benziner

HUBRAUM
1.995   2.497 cm³

LEISTUNG
105 kW/143 PS -
155 kW/210 PS

KAROSSERIEFORM
viertürige Limousine

DER ZEIT VORAUS

DER MAZDA PREMIUMMARKE EUNOS ist zwar nur ein kurzes Dasein vergönnt, doch mit dem Spitzenmodell Cosmo bringt sie ein wegweisendes Luxus-Coupé mit elektronischer Fahrwerksregelung und feinstem Interieur hervor, das auf den unterschiedlichsten Feldern seiner Zeit vorausfährt.

Eunos Cosmo

Ein Meilenstein der Technikgeschichte ist das weltweit erste serienmäßige GPS-Navigationssystem mit Touchscreen-Display, über das auch alle anderen wichtigen Bedienfunktionen gesteuert werden können, zum Beispiel auch TV-Empfang und das Multimediasystem. Endgültig einzigartig macht den Eunos Cosmo der erste und bis heute einzige in Großserie gebaute Drei-Scheiben-Kreiskolben-Motor. Offiziell leistet er 280 PS, im Alltag setzt er sogar über 300 PS frei.

TECHNISCHE DATEN
EUNOS COSMO / AUTOZAM AZ-1

PRODUKTIONSZEITRAUM
1990 - 1995 / 1992 - 1995

IN DEUTSCHLAND
nicht angeboten / nicht angeboten

MOTOREN
Zwei- bzw. Drei-Scheiben-Kreiskolben-Motor / Dreizylinder-Benziner

KAMMERVOLUMEN / HUBRAUM
2 x 654 cm³ bzw. 3 x 654 cm³ / 657 cm³

LEISTUNG
176 kW/238 PS bzw. 206 kW/280 PS
47 kW/64 PS

KAROSSERIEFORM
Coupé / Sportcoupé

Kaum minder spektakulär ist der **KEI-CAR-KLEINWAGEN AZ-1**, der mit seinen weit aufschwingenden Flügeltüren dem Himmel entgegen strebt – wie auch die für den Vertrieb gegründete Kleinwagenmarke Autozam. Gezeichnet hat den 3,29 Meter kurzen Mittelmotor-Racer Chefdesigner Toshihiko Hirai, der sich zuvor mit dem MX-5 in die Geschichtsbücher eintrug. Zu einem Megaseller wie der MX-5 steigt der AZ-1 dann allerdings doch nicht auf; in den wirtschaftlich schwierigen 90er Jahren ist das Flügeltürenkonzept einfach zu kostspielig.

Autozam AZ-1

DAS BETT-MOBIL

VAN-OFFENSIVE: Noch vor dem Einstieg ins Kompaktvan-Segment entwickelt Mazda 1996 mit dem Demio ein Raumkonzept für die Kleinwagenklasse. Nach seinem Debüt auf dem Heimatmarkt, wo er prompt zum Auto des Jahres gekürt wird, rollt der Hochdachkombi auf Basis des 121 im Jahr 1998 nach Deutschland. Er punktet vielleicht nicht gerade mit verführerischem Design, dafür aber mit exzellenten praktischen Eigenschaften.

Die Rücksitzbank lässt sich in der Länge verschieben und macht so je nach Wunsch mehr Platz für Gepäck oder Passagiere; hinter der niedrigen Ladekante verbergen sich je nach Sitzstellung zwischen 679 und 1.298 Liter Ladevolumen. Die Vordersitze lassen sich längs umklappen und zusammen mit den Rücksitzen in eine 2,03 Meter große Liegefläche verwandeln: So wird der kleine Mazda Demio sogar zur rollenden Schlafstatt.

TECHNISCHE DATEN

PRODUKTIONSZEITRAUM
1996 - 2002

IN DEUTSCHLAND
1998 - 2002

MOTOREN
Vierzylinder-Benziner

HUBRAUM
1.323 - 1.498 cm³

LEISTUNG
46 kW/63 PS -
55 kW/75 PS

KAROSSERIEFORM
fünftüriger Hochdach-Van

DAS GEHEIMNIS DES HÜFTPUNKTES

IM ENDE DER 90ER JAHRE entstehenden Boom der Kompaktvans gehört der Mazda Premacy zu den Vorreitern. Im Frühsommer 1999 rollt er zu den Händlern – und zählt deshalb zu den geräumigsten und komfortabelsten Vertretern seiner Klasse, weil er die Abmessungen des kompakten Mazda 323 mit dem Fahrwerk des größeren Mazda 626 Kombi verbindet. Kopf- und Beinfreiheit sind vorbildlich, das Zauberwort dafür lautet „Hüftpunkt": der ideal justierte Abstand zwischen Hüftgelenk und Fahrzeugboden bzw. Fahrbahn, der die Voraussetzung für ermüdungsfreies Reisen und einen bequemen Ein- und Ausstieg schafft.

Zunächst gibt es den Premacy nur als Fünfsitzer: mit neigungseinstellbaren Lehnen an allen fünf Sitzen, einem nach vorn klappbaren Beifahrersitz und hinteren Sitzen, die sich um- und wegklappen und auch einzeln ausbauen lassen. Im Sondermodell Active 7 reicht Mazda ab 2003 zwei weitere Sitze für den Fond nach.

TECHNISCHE DATEN

PRODUKTIONSZEITRAUM
1999 - 2005

IN DEUTSCHLAND
1999 - 2005

MOTOREN
Vierzylinder-Benziner
und -Diesel

HUBRAUM
1.840 - 1.998 cm³

LEISTUNG
66 kW/90 PS -
96 kW/131 PS

KAROSSERIEFORM
fünftüriger Kompaktvan

GESCHMEIDIGE GRÖSSE

DER MAZDA MPV wird geschmeidiger: In der zweiten Generation erhält der 4,75 Meter große Mazda Van ein modernes Fahrwerkslayout mit McPherson-Federbeinen vorn und Verbundlenkerachse hinten. Und weil der Antrieb nach vorn wandert, fällt die Notwendigkeit eines Kardantunnels weg, der zuvor die Raumausnutzung beeinträchtigte. Mit 3,21 Metern Abstand zwischen Gaspedal und Heckklappe bietet der MPV die größte Innenraumlänge seines Segments und dazu die größte Kopffreiheit in den Sitzreihen zwei und drei. Weil aber Kompaktvans immer beliebter werden, gerät der MPV wie die meisten anderen großen Vans zunehmend unter Druck. 2005 ist in Deutschland und auch in den USA Schluss, die dritte Modellgeneration wird nur noch in Asien angeboten.

Im Pick-up-Segment ist Mazda ab 1997 gemeinsam mit Ford unterwegs. Der B2500 ist technisch eng verwandt mit dem Bestseller Ranger; die 1999 in Europa eingeführte Neuauflage beider Modelle wird sogar von Mazda konzipiert und im Gemeinschaftswerk der Auto-Alliance in Thailand produziert.

Mazda MPV

Mazda B-Serie

TECHNISCHE DATEN
MAZDA MPV
MAZDA B-SERIE

PRODUKTIONSZEITRAUM
1999 - 2005 / 1985 - 2006

IN DEUTSCHLAND
1999 - 2005 / 1997 - 2006

MOTOREN
Vierzylinder-Benziner und -Diesel
Vierzylinder-Diesel

HUBRAUM
1.991 - 2.261 cm³ / 2.499 - 2.500 cm³

LEISTUNG
90 kW/122 PS - 104 kW/141 PS
57 kW/78 PS - 80 kW/109 PS

KAROSSERIEFORM
Van mit seitlichen Schiebetüren
Pick-up

SECHSER IM LOTTO

AUS DER KRISE ENDE DER 1990ER JAHRE BEFREIT SICH MAZDA MIT STIL UND DYNAMIK: Der Mazda 6 leitet ab 2002 das „Zoom-Zoom"-Zeitalter ein. Für Mazda ist die neue Mittelklasse-Baureihe ein Hauptgewinn: Als Speerspitze führt sie eine erfolgreiche Modernisierung an, die bald darauf die gesamte Modellpalette erfasst.

ZOOM-ZOOM

- Im Juni 2000 kommt der einmillionste Mazda für Europa in Antwerpen an
- Auf der IAA 2001 zeigt Mazda den neuen RX-8 als seriennahes Concept Car. Dazu passt der neue Markenslogan „Zoom-Zoom", der die typische Mazda Fahrfreude auf spielerisch-leichte Art zum Ausdruck bringt und die Markenwahrnehmung nachhaltig prägt. Erstes Modell der neuen Zoom-Zoom-Generation ist der 2002 eingeführte Mazda 6
- 44 von 50 internationalen Motorjournalisten wählen den RENESIS-Motor des neuen Mazda RX-8 zum International Engine of the Year 2003 – nie hat es ein deutlicheres Votum gegeben
- Als erstes Fahrzeug absolviert der Mazda 6 im Jahr 2004 einen 100.000-km-Dauertest der „Auto Bild" ohne einen einzigen Fehler

Klassiker in Neuauflage:
Der Mazda MX-5 war der Star
des Genfer Salons 2005

Nachhaltiges Zoom-Zoom: Mazda 2 als Leichtbau-Maßstab, Mazda RX-8 mit Wasserstoff-Kreiskolben-Motor und Mazda 3 mit i-stop

- Zusammen mit dem Mazda 5 – dem ersten Kompaktvan mit zwei praktischen Schiebetüren – führt Mazda im Sommer 2005 den Digitalen Servicenachweis ein, der eine lückenlose und fälschungssichere Wartungshistorie ermöglicht
- Highlight des Genfer Autosalons 2005 ist die neue Generation des Kult-Roadsters MX-5, 2006 folgt das Roadster Coupe mit Klappdach
- Seit März 2006 sind mehrere Exemplare des Mazda RX-8 mit Wasserstoff-Kreiskolben-Motor als Firmenleasing-Fahrzeuge in Japan unterwegs, im August 2006 präsentiert sich das zukunftsweisende Fahrzeug erstmals in Europa und stellt in Norwegen außerhalb von Japan auch seine Straßentauglichkeit unter Beweis
- Mit der Studie Nagare gewährt Mazda auf der Los Angeles International Auto Show 2006 einen ersten Ausblick auf die künftige Designlinie der Marke

- 2007 wird das Zoom-Zoom Nachhaltigkeitsprogramm (Sustainable Zoom-Zoom) beschlossen, Ziel ist die Steigerung der Effizienz der gesamten Mazda Modellpalette von 2008 bis 2015 um 30 Prozent. Wie das funktionieren kann, zeigt der neue Mazda 2, der dank modernster Leichtbautechnik gegenüber dem Vorgänger über 100 Kilogramm Gewicht einspart; 2008 wird er zum „World Car of the Year" gewählt
- 2008 reduziert die Ford Motor Company ihre Anteile an Mazda auf 13,8 Prozent und gibt damit ihre Kontrollmehrheit auf
- Einführung eines Katalysators mit Single-Nano-Technologie, bei der rund 70 Prozent weniger Edelmetalle verarbeitet werden
- Weltpremiere des von Mazda entwickelten Start-Stopp-Systems i-stop im neuen Mazda 3, der 2009 eingeführt wird

ZOOM-ZOOM FÜR EIN NEUES MILLENIUM

Meilenstein Mazda 6: Mit der Premiere des neuen Mittelklasse-Modells auf dem Genfer Salon 2002 beginnt ein neuer Abschnitt in der jüngeren Mazda Geschichte. Es ist ein überzeugender Befreiungsschlag nach einer schwierigen Phase, in der der Marktanteil des japanischen Herstellers in Europa zu schrumpfen begann. Der Nachfolger des Erfolgsmodells 626, das vor allem für seine hohe Zuverlässigkeit und reichhaltige Serienausstattung geschätzt wurde, verkörpert neue Attribute wie sportliches Design und ambitionierte Fahrwerkstechnik – und füllt damit den neuen Marken-Claim „Zoom-Zoom" mit Leben. „Zoom-Zoom" steht für eine fast kindliche Freude an der automobilen Fortbewegung und prägt mit überraschend durchschlagender Wirkung die Art und Weise, wie die Marke Mazda in den kommenden Jahren wahrgenommen wird. Nicht nur Sportmodelle wie der RX-8, der MX-5 oder der Mazda 3

MPS – einer der leistungsstärksten Fronttriebler überhaupt – verkörpern den neuen Charakter, er durchzieht die gesamte Modellpalette. 2007 erweitert Mazda das Prinzip „Zoom-Zoom" um die Dimension der Nachhaltigkeit und zeigt sogleich mit dem neuen Leichtbau-Champion Mazda 2, welches Potenzial in dieser Strategie steckt.

Zu den Modellen für ein neues Millennium benötigt Mazda auch eine frische Formensprache. Rund um die Jahrtausendwende entwickeln die Designer neue Ausdrucksformen, um die Athletik und Sportlichkeit der Mazda Modelle zum Ausdruck zu bringen. Als Inspirationsquelle rücken dabei Beispiele aus der Natur immer mehr in den Fokus. Deren Formen und Bewegungen münden schließlich in die Entwicklung des Designthemas Nagare, dessen Facetten Mazda auf verschiedenen Automobilmessen mit insgesamt sieben Designstudien auslotet.

MAZDA MODELLE AUF REKORDMISSION

JÄGER UND SAMMLER

MIT DEM DEBÜT DES MAZDA MX-5 auf der Auto Show in Chicago beginnt im Februar 1989 eine Geschichte der Roadster-Rekorde. Schon im Mai 2000, nur elf Jahre nach seiner Premiere, darf sich der Zweisitzer in das Guinness Buch der Rekorde eintragen: als meistverkaufter offener Sportwagen aller Zeiten. Da steht der Zähler bereits bei 531.890 produzierten Einheiten. Bis heute hat sich der MX-5 den Titel nicht nehmen lassen; im April 2016 rollte das einmillionste Exemplar von den Bändern im Werk Hiroshima.

20 Diesel-Weltrekorde in Papenburg mit Mazda 6 Skyactiv D 175

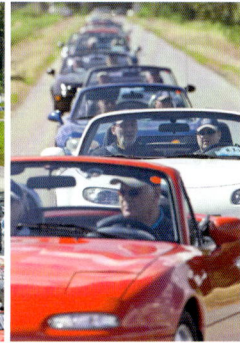

Rekord-Roadster Mazda MX-5: Niemand vereint mehr Fans

Rekordwürdig ist aber nicht nur die Zahl der MX-5 Kunden, sondern auch die seiner Fans. 1.450 von ihnen kommen im Juni 2013 ins niederländische Lelystad, um mit ihren 683 MX-5 den längsten Korso von Mazda Fahrzeugen aller Zeiten zu bilden. Die drei Jahre zuvor an der Zeche Zollverein in Essen aufgestellte Bestmarke ist damit Geschichte.

40 BESTMARKEN FÜR DIE EWIGKEIT

Nach 24 Stunden auf dem Testoval im niedersächsischen Papenburg steht fest: Der Mazda RX-8 mit RENESIS-Kreiskolbenmotor ist nicht nur sehr schnell, sondern selbst unter extremer Belastung auch äußerst standfest und zuverlässig. 40 internationale Rekordmarken reißen die beiden 170 kW/231 PS starken Sportcoupés ein, die im Oktober 2004 in den FIA-Kategorien A (Spezialfahrzeuge) und B (Produktionsfahrzeuge) auf dem 12,3 Kilometer langen Kurs an den Start gehen. Bei Durchschnittsgeschwindigkeiten von 215,934 und 212,835 km/h legen sie in den 24 Stunden über 5.000 Kilometer zurück.

REKORDJAGD MIT DIESEL

Zehn Jahre nach der RX-8 Rekordjagd geht der Mazda 6 an gleicher Stelle auf die Strecke. Drei Fahrzeuge, 24 Stunden, 23 Fahrerinnen und Fahrer: Das Ergebnis dieser Rechnung sind 20 Rekorde, die das Leistungsvermögen des Skyactiv D 175 Dieselmotors auf eindrucksvolle Weise belegen. Jeder Mazda 6 absolviert in den 24 Stunden 434 Runden mit insgesamt 5.340 Kilometern. An Bord der Fahrzeuge: Rennfahrer, Journalisten und begeisterte Mazda Kunden.

Auf Rekordkurs mit Kreiskolben-Motor: Mazda RX-8

FASZINATION FAHRVERGNÜGEN

SIE IST DIE BÜHNE, DIE NEUE MARKEN UND MODELLE bekannt und begehrenswert macht. Kein Wunder, dass die Automobilwerbung zur Königsklasse der Kommunikationsbranche zählt, zumal ihr der Spagat gelingen muss zwischen der Vermittlung von Fakten und Emotionen. Immer fängt die Werbung dabei den Zeitgeist ein, entsprechend spannend ist eine Reise durch die Werbewelt bei Mazda.

Ist die Botschaft bei Mazda bis in die 1970er Jahre vor allem darauf ausgerichtet, die Marke auf neuen Exportmärkten wie Deutschland als besonders innovationsfreudigen Hersteller vorzustellen, werden die Werbeanzeigen ab den 1980er Jahren zunehmend emotionaler. „Mazda 626 – Perfektion in der Mittelklasse", heißt es, und in Vergleichstests der Fachpresse gelingt es dem Hersteller aus Hiroshima, auch deutsche Konkurrenten zu schlagen. Immer mehr steht bei Mazda der Fahrspaß im Vordergrund, vor allem seit der Wiederbelebung des klassischen Roadsters durch den Mazda MX-5: „Sie werden eins. Wie der Reiter auf seinem Pferd." Eine emotionale Beziehung, auf die sich bis heute bereits über eine

Links: Mazda 323, Werbung, 1979

Million MX-5 Fans eingelassen haben. Erfolgreicher ist kein anderer Roadster.

Im Jahr 2002 beginnt bei Mazda mit dem Modell Mazda6 das Zeitalter des „Zoom-Zoom", das die Faszination des Fahrvergnügens in dynamischem Design und fahraktivem Charakter zusammenfasst. Mit dem Slogan Zoom-Zoom in allen Werbeanzeigen setzt sich Mazda aber auch den Anspruch: Folge Deinen eigenen Vorstellungen, denn Mazda ist immer für Überraschungen gut. Inklusive kontinuierlicher technischer Innovationen und Revolutionen. Mehr denn je steht die Verbindung von Mensch und Maschine im Mittelpunkt bei der 2017 lancierten Markenkampagne „Drive Together".

Mazda 626.
Perfektion in der Mittelklasse.

Der Roadster lebt! Mazda MX-5

zoom-zoom

Einer der exklusivsten Sonnenplätze der Welt: Mazda RX-7 Cabriolet

Mazda läßt keinen im Stich.

MAZDA MOTORS (Deutschland) GMBH

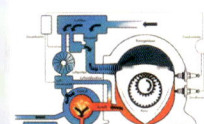

LOOK!! DOWN ON THE GROUND!! IT'S A BIRD! IT'S A PLANE! NO, IT'S SUPER CAR!

Gewichtsreduzierung Stoßfänger vorne und hinten

Gewichtsreduzierung Motorhaube

Gewichtsreduzierung Motor

Gewichtsreduzierung Kofferraumdeckel

Niedrigerer Schwerpunkt durch Position des Tanks

Weiter hinten plazierter Motor

Geneigter Kühler für niedrigeren Schwerpunkt

NACHHALTIGES ZOOM-ZOOM

FAHRSPASS OHNE REUE

MIT DER BEKANNTGABE DES ZOOM-ZOOM NACHHALTIGKEITSPROGRAMMS (Sustainable Zoom-Zoom) stellt Mazda auf der Tokyo Motor Show 2007 die Weichen für die langfristige Technologie-Entwicklung des Unternehmens. Das Ziel lautet: das markentypische Zoom-Zoom-Fahrvergnügen mit der Umwelt in Einklang zu bringen. Verbrauchs- und Emissionsreduzierung, die verstärkte Nutzung alternativer Kraftstoffarten und Antriebstechnologien, aber auch die Verringerung der Umweltbelastungen in der Produktion bilden die Schwerpunkte des mehrstufigen Programms.

DAS ZIEL: 50 PROZENT EFFIZIENTER BIS 2020

Schon in den Jahren von 2001 bis 2008 gelingt es Mazda, die Effizienz seiner in Japan verkauften Fahrzeuge um durchschnittlich 30 Prozent zu erhöhen. Das Zoom-Zoom Nachhaltigkeitsprogramm sieht eine weitere Verbesserung der Effizienz vor: Weltweit ist die Effizienz von 2008 bis 2015 durch die Skyactiv Technologie bereits um 30 Prozent verbessert worden, bis 2020 soll sie durch die nächste Generation der Skyactiv Antriebe nochmals um 20 Prozent steigen, in Summe also um 50 Prozent.

Umweltverträgliche Technologien sollen dabei nicht nur in einzelnen Flaggschiff-Modellen, sondern über die gesamte Produktpalette angeboten werden und damit eine größtmögliche Verbreitung erzielen. Jedes verkaufte Fahrzeug, so die Überlegung, trägt damit zur Verringerung der Umweltbelastung bei.

Mazda setzt dabei auf eine modulare Baukasten-Strategie: Bestehende Technologien und Systeme werden schrittweise verbessert und verbrauchsoptimiert. Dies schließt nicht nur Motoren und Getriebe ein, sondern auch Aspekte wie das Fahrzeuggewicht und die Aerodynamik. Gerade in Sachen

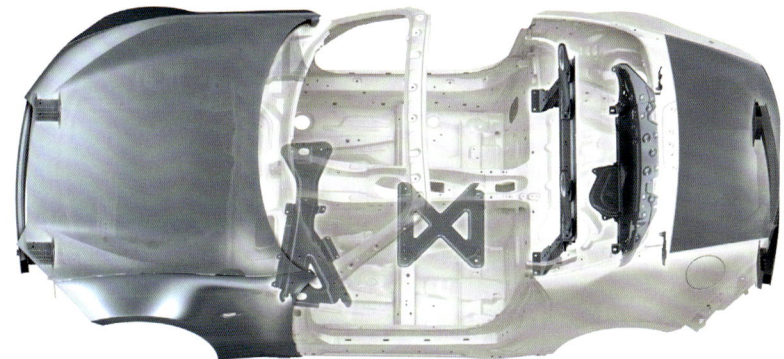

Abspecken für effizienteren Fahrspaß: Aluminium-Bauteile im Mazda MX-5

Leichtbau untermauert Mazda seine Führungsposition: Modelle wie der Mazda 2 und die dritte Generation des MX-5 zeigen, dass die konsequente Suche nach Einsparpotenzialen – Mazda nennt dies die Gramm-Strategie – in der Summe zu beträchtlichen Gewichtsreduzierungen führt und die durch immer mehr Komfort- und Sicherheitsausstattung verursachte Gewichtszunahme mehr als kompensieren kann.

MIT „SUSTAINABLE ZOOM-ZOOM" legt Mazda den Grundstein für die späteren Skyactiv Technologien, die ab 2012 Einzug in die Modellpalette halten. Ihnen liegt eben jene Konzeption zugrunde: die Überzeugung, dass in den konventionellen Antriebs- und Fahrzeugtechniken noch viel Optimierungspotenzial steckt und dass Errungenschaften auf diesem Gebiet eine deutlich höhere Wirkung entfalten als einzelne, besonders umweltfreundliche, aber auch teurere „grüne" Modellversionen.

WASSERSTOFF IM WANKEL

Gleichwohl ist der zunehmende Einbau elektrischer Systemkomponenten ebenfalls ein Baustein der Mazda Umweltstrategie: 2009 führt das Unternehmen das selbst entwickelte Start-Stopp-System i-stop ein, später folgt das nicht minder innovative i-ELOOP System zur Bremsenergie-Rückgewinnung, das einen Kondensator zur schnellen Zwischenspeicherung nutzt. Eine Vereinbarung mit Toyota ebnet zudem der Einführung des ersten Hybridmodells von Mazda den Weg, das zunächst für den japanischen Markt vorgesehen ist.

Im Fokus der Entwicklungsbemühungen rund um alternative Antriebe steht bei Mazda der Einsatz von Wasserstoff – gerade in Verbindung mit dem Kreiskolben-Motor, der sich aufgrund seines technischen Aufbaus nach Auffassung der Ingenieure besonders gut für die Energieerzeugung aus Wasserstoff eignet.

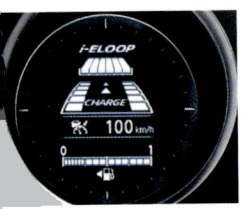

Einzigartig:
Energierückgewinnung
mit i-ELOOP

Unterwegs mit Wasserstoff:
Kreiskolben-Modelle Mazda 5 RE
Hybrid und Mazda RX-8 RE

Grund ist die Trennung von Ansaug-, Verdichtungs- und Brennraum. Mazda erprobt den RENESIS-Hydrogen-Kreiskolben-Motor im Sportwagen RX-8 Hydrogen RE sowie – in Verbindung mit einem zusätzlichen Elektromotor – im Mazda 5 Hydrogen RE Hybrid; beide Modelle sind in öffentlichen Projekten und als Leasing-Fahrzeuge in Japan und Norwegen unterwegs. Vorteil des Wasserstoff-Wankels gegenüber der Brennstoffzellentechnik: Er kann auch mit normalem Ottokraftstoff betrieben werden und ist damit nicht auf eine lückenlose Infrastruktur aus Wasserstoff-Tankstellen angewiesen.

VIEL PLATZ AUF WENIG RAUM

EIN VAN IM KLEINWAGENFORMAT rollt 2003 mit dem ersten Mazda 2 auf den Markt. Die Stärken des 3,93 Meter langen und 1,55 Meter hohen 121-Nachfolgers lassen sich vor allem in Maßeinheiten darstellen: in Millimetern und Zentimetern, in Litern und Grad. So fallen etwa Kopffreiheit und Schulterbreite auf den Vorder- und Rücksitzen so großzügig aus wie kaum irgendwo sonst in dieser Klasse.

Den Weg zum Raumwunderstatus haben die Ingenieure dem Mazda 2 durch sorgfältige Detailarbeit geebnet. So lässt der große Längseinstellbereich des Fahrersitzes sogar 1,90 Meter messende Fahrer eine bequeme Sitzposition einnehmen, während der große Öffnungswinkel der hinteren Türen einen besonders komfortablen Einstieg in den Fond ermöglicht. Jede Menge Taschen, Fächer und Ablagen unterstreichen den funktionalen Charakter – ebenso wie die breite Heckklappenöffnung und die niedrige Ladekante, die ein einfaches Beladen des Kofferraums ermöglichen. Das Werben um Designpreise überlässt der erste Mazda 2 zwar den Nachfolgegenerationen, dafür setzt er Maßstäbe in der Sicherheitstechnik.

DER ANTI-TREND-SETTER

ER IST DER VORBOTE EINER NEUEN MAZDA GENERATION: Leicht, effizient und attraktiv schwimmt der Mazda 2 ab 2007 im immer wichtiger werdenden europäischen Kleinwagensegment gegen den Strom. Branchenweit aufhorchen lässt vor allem die Tatsache, dass es Mazda gelingt, die neue Modellgeneration rund 100 Kilogramm leichter zu machen als den Vorgänger. Mazda hält das Fahrzeuggewicht deutlich unter 1.000 Kilogramm und widersetzt sich auch dem allgemeinen Trend, dass neue Autos beim Modellwechsel immer größer werden müssen. Im Gegenteil: Der neue Mazda 2 ist 40 Millimeter kürzer als der Vorgänger und wirkt dabei noch deutlich charismatischer. Insgesamt ein wegweisender Beitrag von Mazda, der im Rahmen der Auto Show in New York mit der Auszeichnung zum „World Car of the Year 2008" belohnt wird.

TECHNISCHE DATEN

PRODUKTIONSZEITRAUM
2007 - 2014

IN DEUTSCHLAND
2007 - 2014

MOTOREN
Vierzylinder-Benziner
und -Diesel

HUBRAUM
1.349 - 1.598 cm^3

LEISTUNG
55 kW/75 PS -
76 kW/103 PS

KAROSSERIEFORM
Drei- und Fünftürer

MAZDA 3

TECHNISCHE DATEN

PRODUKTIONSZEITRAUM
2003 - 2009

....

IN DEUTSCHLAND
2004 - 2009

....

MOTOREN
Vierzylinder-Benziner
und -Diesel

....

HUBRAUM
1.349 - 2.261 cm³

....

LEISTUNG
62 kW/84 PS –
191 kW/260 PS

....

KAROSSERIEFORM
Fünftürer, viertürige
Limousine

KOMPAKTER ZOOM-ZOOM-BOTSCHAFTER

KEIN ANDERES MODELL prägt die Geschichte der Marke Mazda im ersten Jahrzehnt des neuen Jahrtausends so wie der erste Mazda 3, der im September 2003 auf der IAA in Frankfurt debütiert.

Er macht die fröhliche Fahrspaßbotschaft „Zoom-Zoom" in der breiten Öffentlichkeit bekannt; mit seinem dynamischen Design und den ebenso dynamischen Fahreigenschaften erwirbt er sich einen Ruf als Sportler unter den Kompakten –

und zwar nicht nur in der bärenstarken MPS-Version mit 260 PS und Vorderachs-Sperrdifferenzial, die 2006 präsentiert wird.

Zugleich gehört er als Fünftürer wie auch als viertürige Stufenhecklimousine zu den geräumigsten Vertretern seiner Klasse – auch dies ein Faktor, der den 323-Nachfolger nahtlos an den Erfolg des Millionensellers anknüpfen lässt.

BEHUTSAMER FORTSCHRITT

WELTWEIT BEGEISTERT DER MAZDA 3 bereits mehr als zwei Millionen Kunden, als im Frühjahr 2009 die zweite Modellgeneration auf den Markt rollt. Den Fortschritt erkennen Fachleute und Kunden vor allem im Detail: Das Design wirkt entschlossener, Geräusch- und Vibrationskomfort steigen, das Gewicht sinkt um rund 15 Kilogramm, weil Mazda den Anteil hochfester Stähle erhöht.

Moderne Technologien wie der Spurwechsel-Assistent RVM halten Einzug: Er überwacht den toten Winkel der Außenspiegel und verhindert Kollisionen beim Spurwechsel. Und das neue Start-Stopp-System i-stop liefert ein weiteres Beispiel für unkonventionelle Technikentwicklung auf Mazda Art: Im Gegensatz zu bisher üblichen Systemen nutzt i-stop auch die in den Zylindern entstehende Verbrennungsenergie für den Neustart des Motors; der erfolgt dadurch besonders schnell und sanft. Dagegen bietet der 260 PS starke Mazda 3 MPS die meisten PS pro Euro in der sportlichen Kompaktklasse.

TECHNISCHE DATEN

PRODUKTIONSZEITRAUM
2008 - 2013

....

IN DEUTSCHLAND
2009 - 2013

....

MOTOREN
Vierzylinder-Benziner
und -Diesel

....

HUBRAUM
1.560 - 2.261 cm^3

....

LEISTUNG
77 kW/105 PS –
191 kW/260 PS

....

KAROSSERIEFORM
Fünftürer, viertürige
Limousine

FREUND DER FAMILIE

TECHNISCHE DATEN
MAZDA 5, ERSTE GENERATION
MAZDA 5, ZWEITE GENERATION

PRODUKTIONSZEITRAUM
2004 - 2010 / 2010 - 2017

....

IN DEUTSCHLAND
2005 - 2010 / 2010 - 2015

....

MOTOREN
Vierzylinder-Benziner und -Diesel
Vierzylinder-Benziner und -Diesel

....

HUBRAUM
1.560 – 1.999 cm³ / 1.560 - 1.999 cm³

....

LEISTUNG
81 kW/110 PS – 107 kW/145 PS
85 kW/115 PS – 110 kW/150 PS

....

KAROSSERIEFORM
Van mit seitlichen Schiebetüren
Van mit seitlichen Schiebetüren

DER MAZDA 5 BRINGT AB 2005 „ZOOM-ZOOM"-FEELING in die Klasse der Kompaktvans – und verbindet die in diesem Segment gefragte Praktikabilität mit einem Schuss Dynamik und Emotion. Das variable Karakuri-Innenraumkonzept verwandelt den Mazda 5 in wenigen Handgriffen von einem Vier- in einen Siebensitzer und umgekehrt. Die Herzen von Familien erobert er aber vor allem mit seinen zwei seitlichen Schiebetüren, die den Zugang zu den beiden hinteren Sitzreihen so einfach machen wie bei keinem anderen Fahrzeug dieser Klasse.

Das einzigartige Sitz- und Türkonzept bewahrt der Mazda 5 auch in seiner zweiten Modellgeneration, die 2010 zu den Händlern rollt. Komplett neu ist hingegen das Außendesign im Stil der Formensprache Nagare – gekennzeichnet vor allem durch die wellenartige Charakterlinie an den Seiten. Sie schwingt sich bis in den hinteren Bereich des Fahrzeugs und macht den Mazda 5 zusammen mit der mit Glas abgedeckten D-Säule zu einer unverwechselbaren Erscheinung.

Mazda 5, ab 2004

Mazda 5, ab 2010

Mazda6, ab 2002

Mazda6, ab 2007

SPEERSPITZE EINER NEUEN GENERATION

DAS NEUE JAHRTAUSEND beginnt für Mazda im März 2002: Auf dem Genfer Salon fällt mit dem Debüt des Mazda6 der Startschuss für eine neue Ära. Es ist das Zeitalter des „Zoom-Zoom", einer unbekümmerten Form des Fahrvergnügens, das die Mittelklasse-Baureihe als erstes Mazda Modell einer neuen Generation transportiert. Sportliches Styling in drei Karosserievarianten verbindet sich mit einem fahraktiven Charakter und hoher Funktionalität – nicht zuletzt dank einer neuen Multilenker-Hinterachse, die durch ihre platzsparende Bauweise das Raumangebot innen vergrößert und zugleich ein agiles und sicheres Fahrerlebnis ermöglicht. In einer noch pro-

gressiveren und ambitionierteren Form bringt die zweite Generation des Mazda6 ab dem Jahr 2008 den Zoom-Zoom-Gedanken zum Ausdruck: Das Design wird mutiger und schärfer, die Technik nachhaltiger und effizienter, das Innenraum-Ambiente hochwertiger und exklusiver.

Maßstäbe setzt das Mittelklasse-Modell außerdem bei der Aerodynamik – und natürlich beim Gewicht: Trotz zusätzlicher Ausstattung und größerer Abmessungen nimmt der neue Mazda6 dem Vorgänger auf der Waage bis zu 35 Kilogramm ab.

TECHNISCHE DATEN
MAZDA6, ERSTE GENERATION
MAZDA6, ZWEITE GENERATION

PRODUKTIONSZEITRAUM
2002 - 2008 / 2007 - 2012

IN DEUTSCHLAND
2002 - 2007 / 2008 - 2012

MOTOREN
Vierzylinder-Benziner und -Diesel
Vierzylinder-Benziner und -Diesel

HUBRAUM
1.798 - 2.488 cm³ / 1.798 - 2.488 cm³

LEISTUNG
88 kW/120 PS - 191 kW/260 PS
88 kW/120 PS - 136 kW/185 PS

KAROSSERIEFORM
vier- und fünftürige Limousine, Kombi
vier- und fünftürige Limousine, Kombi

MODERNE SYNTHESE

GRÖSSER, KOMFORTABLER, SICHERER: Der MX-5 wächst in der dritten Generation zu einem ausgereiften Sportwagen heran. Auch optisch macht der intern NC genannte Roadster einen entschlosseneren Eindruck und lässt den verspielten Charakter der beiden Vorgängergenerationen hinter sich.

Als „Synthese zwischen Tradition und Moderne" beschreibt Designer Yasushi Nakamuta das neue Modell. Modern ist, dass der MX-5 verstärkt den Kundenwünschen nach höherem Komfort folgt – erst recht als 2006 präsentiertes Roadster Coupe mit versenkbarem Klappdach, das sich platzsparend und elegant in den Kofferraum faltet, ohne aufzutragen. Maßstäbe ungewohnter Art – beim Fußgängerschutz – setzt der MX-5 ab dem Facelift 2012 mit der aktiven Motorhaube, die sich bei einer Kollision leicht anhebt und so eine wertvolle Knautschzone zwischen Blech und Motorblock schafft.

TECHNISCHE DATEN

PRODUKTIONSZEITRAUM
2005 - 2015

IN DEUTSCHLAND
2006 - 2015

MOTOREN
Vierzylinder-Benziner

HUBRAUM
1.798 - 1.999 cm^3

LEISTUNG
93 kW/126 PS -
118 kW/160 PS

KAROSSERIEFORM
Roadster, Roadster
Coupe (ab 2007)

ERFOLGREICH AUF DEM SONDERWEG

MIT DEM RX-8 schlägt Mazda 2003 das nächste Kapitel auf in der einzigartigen Historie der Modelle mit Kreiskolben-Motor. Großen technischen Aufwand und viel persönliche Leidenschaft hat das Unternehmen in die Weiterentwicklung des Kreiskolben-Motors investiert, ihm eine optimierte Kühlung und Schmierung spendiert und traditionelle Nachteile wie zu hohen Sprit- und Ölverbrauch in den Griff bekommen. Noch dazu ist der unnachahmlich drehfreudige RENESIS-Motor des RX-8 kompakter und leichter denn je.

Eine Fülle von Eigenschaften, die ihn zum Seriensieger bei der jährlichen Wahl des „Engine of the Year" machen.

Der neue Zwei-Scheiben-Kreiskolben-Motor ist ein technischer Durchbruch in einem ebenso einzigartigen Coupé mit vier Sitzen und vier gegenläufig öffnenden Türen – eine wahre Markenikone, die wie kein anderes Fahrzeug die Entschlossenheit der Mazda Ingenieure und Designer zum Ausdruck bringt, Konventionen und Hindernisse zu überwinden und ihren eigenen Überzeugungen zu folgen.

TECHNISCHE DATEN

PRODUKTIONSZEITRAUM
2003 - 2012

IN DEUTSCHLAND
2003 - 2010

MOTOREN
Zwei-Scheiben-
Kreiskolben-Motor

KAMMERVOLUMEN
2 x 654 cm³

LEISTUNG
141 kW/192 PS -
170 kW/231 PS

KAROSSERIEFORM
Sportcoupé mit
Freestyle-Türen

Mazda CX-7   *Mazda CX-9*

TECHNISCHE DATEN
MAZDA CX-7 / MAZDA CX-9

PRODUKTIONSZEITRAUM
2006 - 2012 / 2006-2015
(2. Generation ab 2016)

....

IN DEUTSCHLAND
2007 - 2012 / 2010-2011

....

MOTOREN
Vierzylinder-Benziner und -Diesel
V6-Benziner

....

HUBRAUM
2.184 - 2.261 cm³ / 3.726 cm³

....

LEISTUNG
127 kW/173 PS - 191 kW/260 PS
204 kW/277 PS

....

KAROSSERIEFORM
SUV / SUV

DIE ERSTE SUV-OFFENSIVE

IM OKTOBER 2007 STARTET MAZDA die erste echte SUV-Offensive – mit einem betont sportlichen, vornehmlich für den US-Markt entwickelten Entwurf. Die extrem schräg stehende Windschutzscheibe und weitere markante Design-Details machen den CX-7 zu einem waschechten Crossover – einem, der SUV- und Sportwagen-Gene zu einer ganz besonderen Mischung anreichert. Zu diesem Charakter passt der leistungsstarke Turbo-Benziner mit Direkteinspritzung, der sich bereits in verschiedenen MPS-Modellen bewährt hat.

Einen in dieser Klasse damals unerlässlichen Dieselmotor reicht Mazda zur Modellpflege 2009 nach.

Zu dieser Zeit rollen auf Umwegen über Russland auch einige Hundert Exemplare des großen CX-9 nach Deutschland: ein über fünf Meter langer Sechs- bzw. Siebensitzer mit kräftigem V6, der hier auf überraschend großes Interesse stößt. Den endgültigen Durchbruch im SUV-Segment schafft die Marke dann mit dem 2012 folgenden, kompakteren CX-5.

Mazda Tribute   *Mazda BT-50*

DIE RUHE VOR DEM SUV-STURM

ER IST DER VORLÄUFER der modernen Mazda SUV: Aus der Zusammenarbeit mit Ford geht im Jahr 2000 der Mazda Tribute hervor, der in einer rasant wachsenden Fahrzeugklasse antritt. Elegant, zweckmäßig, robust: Schon Anfang des neuen Jahrtausends vereint der Tribute jene Eigenschaften, die dieses Segment in den kommenden Jahren so erfolgreich machen. Einzelradaufhängung rundum sorgt für Pkw-Komfort, für anspruchsvollere Offroad-Fahrten fehlt allerdings eine Geländeuntersetzung, für einen größeren Markterfolg

ein wirtschaftlicher Dieselmotor. Mit dem Start des CX-7 ist für den Tribute in Europa Schluss.

Als Nachfolger der erfolgreichen B-Serie rollt aus dem thailändischen Mazda Werk ab 2006 der BT-50 auf die Weltmärkte. Im Inneren des als L-Cab mit gegenläufigen Türen und als luxuriöse Doppelkabine verfügbaren Pick-ups geht es durchaus schick zu, technisch bleibt der BT-50 mit robustem Blattfeder-Fahrwerk ein unverwüstlicher Lastesel.

TECHNISCHE DATEN
MAZDA TRIBUTE / MAZDA BT-50

PRODUKTIONSZEITRAUM
2000 - 2006 / 2006 - 2011
(2. Generation 2011-2020;
3. Generation ab 2020)
....

IN DEUTSCHLAND
2001 - 2006 / 2007 - 2010
....

MOTOREN
Vierzylinder- und V6-Benziner
Vierzylinder-Diesel
....

HUBRAUM
1.989 - 2.967 cm³ / 2.499 cm³
....

LEISTUNG
91 kW/124 PS - 149 kW/203 PS
105 kW/143 PS
....

KAROSSERIEFORM
SUV / Pick-up

JINBA ITTAI FÜR EIN NEUES ZEITALTER

MAZDA ERFINDET SICH NEU: Mit den effizienten Skyactiv Technologien, dem attraktiven Kodo Design und der Eroberung neuer Segmente setzt die Marke zu einem Höhenflug an, der Kunden und Fachleute gleichermaßen beeindruckt. Innerhalb weniger Jahre erneuert Mazda sein komplettes Modellprogramm. Im Zentrum allen Strebens: Eine noch engere Verbindung zwischen Mensch und Maschine – Jinba Ittai für das 21. Jahrhundert.

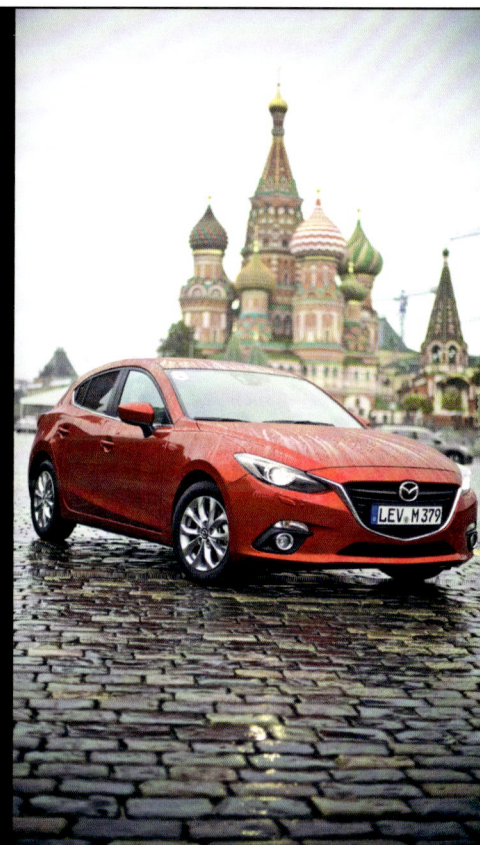

- SKY Concept: Auf dem Genfer Salon 2010 zeigt Mazda eine neue, besonders effektive Motoren- und Getriebegeneration
- Noch ein Weltrekord für die Roadster-Ikone: 459 Mazda MX-5 bilden 2010 in der Zeche Zollverein in Essen den bis dato weltweit längsten Korso aller Zeiten von Mazda Fahrzeugen
- Mit der Coupé-Studie Shinari präsentiert Mazda auf dem Genfer Salon 2011 das neue Designthema Kodo – Soul of Motion
- Premiere auf der IAA 2011: Das kompakte Crossover-SUV Mazda CX-5 ist das erste Serienmodell mit der kompletten Bandbreite der Skyactiv Technologien und der Designsprache Kodo

- 2012: Premiere der dritten Generation des Mazda 6, die das Kodo Design perfekt verkörpert und mit Skyactiv Technologien neue Maßstäbe setzt
- Acht neue Mazda 3 machen sich Ende Juli 2013 von der Firmenzentrale in Hiroshima/Japan auf den langen Weg in Richtung Frankfurt. Nach 30 Tagen und 15.000 Kilometern treffen sie dort am 7. September auf der IAA ein. Eine Neuauflage der Fernfahrt zur IAA 1977, damals mit dem Mazda 323
- Spektakuläre Parallel-Premiere des neuen Mazda MX-5: Die vierte Generation debütiert 2014 zeitgleich in Barcelona/Spanien, Tokio/Japan und Monterey/USA; der erste Roadster mit Skyactiv Technik und Kodo Design ist 100 Kilogramm leichter als der Vorgänger

Rekordjagd mit Mazda 6,
Concept Car RX-Vision,
20.000 Signaturen für den MX-5

- Und wieder ein Weltrekord: Serienmäßige Mazda 6 beweisen im September 2014 ihre Langstreckentauglichkeit im Oval von Papenburg und knacken insgesamt 17 FIA-Rekorde, darunter die 24h (5.305 km mit einer Durchschnittsgeschwindigkeit von über 221 km/h)
- Der neue Mazda 2 wird mit dem „Goldenen Lenkrad 2014" ausgezeichnet
- Im Sommer 2015 geht der neue Mazda CX-3 an den Start
- Platz eins für Mazda im Auto Bild Qualitätsreport 2015 und 2016
- Auf der Tokyo Motor Show 2015 enthüllt Mazda das Sportwagen-Concept RX-Vision mit Kreiskolben-Motor der nächsten Generation, dem Skyactiv R

- Doppelsieg für den MX-5: Der Roadster ist „World Car of the Year 2016" und wird zeitgleich mit dem „World Car Design Award 2016" ausgezeichnet
- Am 22. April 2016 läuft in Hiroshima der einmillionste Mazda MX-5 vom Band. Auf einer Tour um die Welt sammelt das Jubiläumsfahrzeug Unterschriften von mehr als 20.000 Fans
- Das Erfolgsmodell Mazda CX-5 startet 2017 in zweiter Generation
- 2017 eröffnet der Augsburger Mazda Händler Auto Frey mit Unterstützung der Mazda Motors Deutschland GmbH unter dem Namen „Mazda Classic – Automobil Museum Frey" ein Automobilmuseum mit einer der größten privaten Sammlungen historischer Mazda Fahrzeuge

THE SKY IS THE LIMIT

„The Sky is the Limit" – dieser englischsprachige Satz steht sinngemäß für „Alles ist möglich": Unter diesem Motto präsentiert Mazda auf dem Genfer Salon 2010 erstmals in Europa die „SKY Concept"-Technologien für sauberes Fahrvergnügen und stellt damit die Weichen für den beispiellosen Erfolgskurs, der das Unternehmen in den folgenden Jahren erfasst. Eineinhalb Jahre später debütieren auf der IAA 2011 die zur Serienreife weiterentwickelten Technologien unter der Bezeichnung Skyactiv im Mazda CX-5.

Die Skyactiv Offensive legt zusammen mit dem Kodo Design die Basis für das modernste Mazda Modellprogramm aller Zeiten. Dem Mazda CX-5 folgen in kurzen Abständen Neuauflagen von Mazda 6, Mazda 3 und Mazda 2: allesamt leichter, effizienter und emotionaler als die Vorgänger. Dazu steigt Mazda mit dem Mazda CX-3 in das boomende Segment der kleinen Crossover ein und entwickelt sich immer mehr zum SUV-Spezialisten. Was mit Skyactiv Technik möglich ist, zeigt die vierte Generation des Mazda MX-5, der dem auch nicht gerade schweren Vorgänger noch einmal 100 Kilogramm abnimmt.

Kodo Design in Reinform: Mazda 6

Die neuen Mazda Modelle knüpfen mit ihrem attraktiven Design, den ambitionierten Technologien und vor allem ihrem unverfälschten Fahrspaß ein immer engeres Band zwischen Mensch und Maschine – und damit auch zwischen der Marke und den Mazda Kunden. Dazu wurde Anfang 2017 eine Markenkampagne unter dem Motto „Drive Together" initiiert, die diese Verbundenheit in den Mittelpunkt rückt und die Mazda Markenidentität 2020 beschreibt.

Damit will das Unternehmen die Kodo Designphilosophie und die Skyactiv Ära fortschreiben – und gestärkt im Markenprofil das 100-jährige Jubiläum im Jahr 2020 feiern: Während mehr und mehr Hersteller die Automatisierung des Fahrens vorantreiben, stellt Mazda die Leidenschaft für das Fahren in den Mittelpunkt, rückt den Menschen in den Fokus und strebt nach einer perfekten Verbindung zwischen Mensch und Maschine. Dies drückt auch die Einstellung und Vision von Mazda als Unternehmen aus: Konventionen hinterfragen, sich Herausforderungen stellen und neue unkonventionelle Wege gehen – das war in der Vergangenheit der Fall, heute und auch in Zukunft.

SKYACTIV TECHNIK

LEIDENSCHAFTLICH ANDERS

FAHRSPASS UND EFFIZIENZ IN EINER NEUEN DIMENSION: Mit den Skyactiv Innovationen, die 2012 im Mazda CX-5 ihren Einstand in Europa feiern, legt Mazda den technischen Grundstein für eine neue Fahrzeuggeneration.

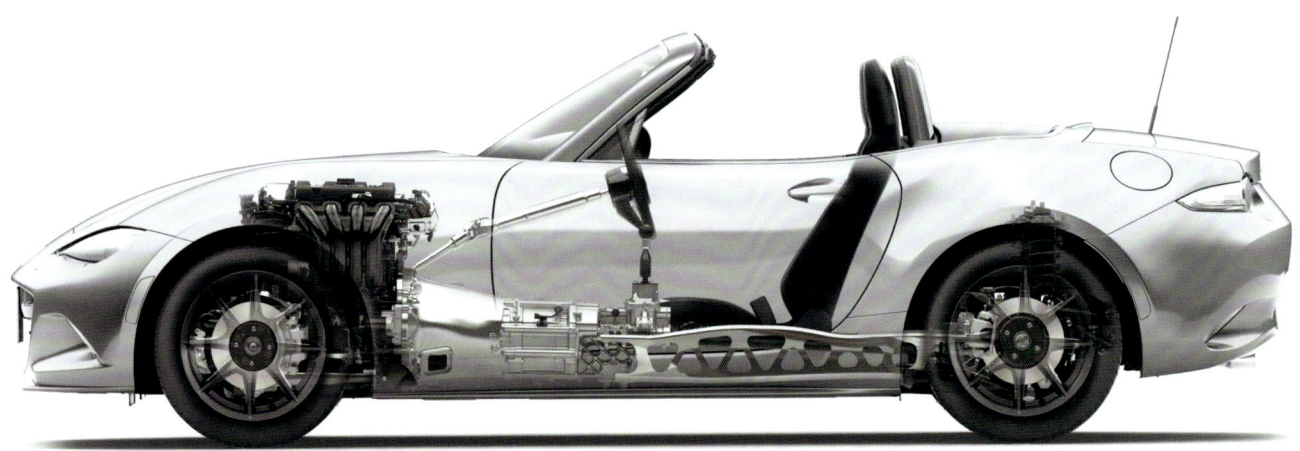

Mazda MX-5: mit Skyactiv Technologie für die Einheit von Fahrer und Fahrzeug

Effizienz für Fahrspaß:
Skyactiv G

Rudolf Diesel wäre
begeistert: Skyactiv D

SKYACTIV G BENZINER

Mit den Skyactiv G Benzinmotoren strebt Mazda nach dem perfekten Verbrennungsmotor – und liefert zugleich ein Paradebeispiel für den einzigartigen Ingenieursgeist, der im Unternehmen herrscht: Durch innovative und unkonventionelle Herangehensweise gelingt es, bislang als unüberwindbar geltende Hindernisse aus dem Weg zu räumen.

- Außergewöhnlich hohes Verdichtungsverhältnis von bis zu 15,0:1 sorgt tur hohen Wirkungsgrad bei niedriger und mittlerer Motorlast
- 4-2-1 Abgassystem, Muldenkolben, neue Mehrloch-Injektoren und weitere Innovationen tragen zur Vermeidung unkontrollierter Verbrennung (Klopfen) bei hoher Motorlast bei
- Stufenlos variable Steuerzeitenregelung (S-VT) auf Einlass- und Auslassseite verringert Pumpverluste
- Je nach Ausführung: Zylinderabschaltung der äußeren Zylinder vergrößert den Wirkungsgrad bei niedrigen Motorlasten

SKYACTIV D DIESEL

Auch beim Skyactiv D Dieselmotor spielt das Verdichtungsverhältnis eine entscheidende Rolle. Das Triebwerk liefert kraftvolle Effizienz und erfüllt die strengsten Umweltgrenzwerte.

- Außergewöhnlich niedriges Verdichtungsverhältnis von 14,4:1 und damit verbunden eine bessere Ausnutzung der Verbrennungsenergie
- Variabler Ventilhub auf der Auslassseite ermöglicht innermotorische Abgasrückführung
- Zweistufige Turboaufladung: kraftvolles Ansprechverhalten über das gesamte Drehzahlband
- Rund 20 Prozent weniger Kraftstoffverbrauch, zehn Prozent weniger Gewicht, 20 Prozent geringere innere Reibung
- SRC-System für niedrige Stickoxyd-Emissionen

SKYACTIV SCHALT- UND AUTOMATIKGETRIEBE

Kongeniale Partner in der Kraftübertragung: Die Motoren der Skyactiv Generation sind an ebenfalls neue Getriebe gekoppelt. Je nach Modell und Motorisierung stehen das Skyactiv MT Sechsgang-Schaltgetriebe und die Skyactiv Drive Sechsstufen-Automatik zur Wahl.

SKYACTIV MT SCHALTGETRIEBE

- Größe und Gewicht durch überarbeiteten Aufbau erheblich verringert
- Verringerte innere Reibung führt zu Verbrauchsreduzierung
- Vermittelt mit präzisen und kurzen Schaltwegen das Schaltgefühl des MX-5

Revolutionär:
die Skyactiv Getriebe

SKYACTIV DRIVE AUTOMATIKGETRIEBE

- Kombiniert die Vorzüge einer konventionellen Wandlerautomatik, eines stufenlos variablen Getriebes und eines Doppelkupplungsgetriebes
- Breiterer Bereich der Wandlerüberbrückung; Fahrgefühl mit dem eines manuellen Getriebes vergleichbar
- Bis zu sieben Prozent Verbrauchseinsparung gegenüber der zuvor eingesetzten Fünfstufen-Automatik
- Schnelle und präzise Gangwechsel, kraftvolle und gleichmäßige Beschleunigung aus dem Stand
- In einigen Modellen mit Fahrmodus-Schalter für kürzere Schaltzeiten und ein direkteres Ansprechverhalten des Motors auf Gasbefehle verfügbar

SKYACTIV CHASSIS

Das Skyactiv Chassis löst den ewigen Zielkonflikt in der Fahrwerksentwicklung: die Verbindung von außergewöhnlicher Agilität und des Gefühls der Einheit zwischen Fahrer und Fahrzeug mit maximaler Stabilität bei hohen Geschwindigkeiten und bestmöglichem Fahrkomfort.

- Skyactiv Chassis verbindet hohe Steifigkeit mit geringem Gewicht
- Neu entwickelte Radaufhängung mit McPherson-Federbeinen vorne und Mehrlenker hinten
- Hoher Fahrkomfort und ideale Umsetzung des „Jinba Ittai"-Fahrgefühls
- Agilität bei niedrigem sowie mittlerem Tempo und Stabilität bei hohen Geschwindigkeiten
- Elektrische Servolenkung mit ausgewogener Lenkcharakteristik in allen Fahrsituationen und Geschwindigkeitsbereichen

Neuerfindung des Chassis:
Skyactiv

Zielkonflikte gelöst:
Skyactiv Body

SKYACTIV BODY KAROSSERIE

Steifer, sicherer und leichter: Die Skyactiv Body Karosserie
kombiniert Leichtbau, hochfeste Materialien und effizientere
Strukturen für einen wirksamen Abbau der Aufprallenergie.

- Weniger Gewicht durch neu entwickelte Karosseriestruktur,
  neue Produktionsprozesse (optimierte Verbindungsver-
  fahren) und hohen Anteil hochfesten Stahls
- Höhere Steifigkeit dank geradliniger Ringstruktur für
  verbesserte Fahrdynamik
- Verstärkungen und steifere Materialien an strategisch
  wichtigen Stellen
- Höchste passive Sicherheit durch Lastpfadverzweigung und
  definierte Crash-Zonen
- Warmumgeformter 1.800-MPa-Stahl für die Verstärkungen
  im vorderen und hinteren Stoßfänger, neuer CX-5 (ab 2017)
  außerdem mit ultrahochfestem 1.180-MPa-Stahl in den
  A-Säulen

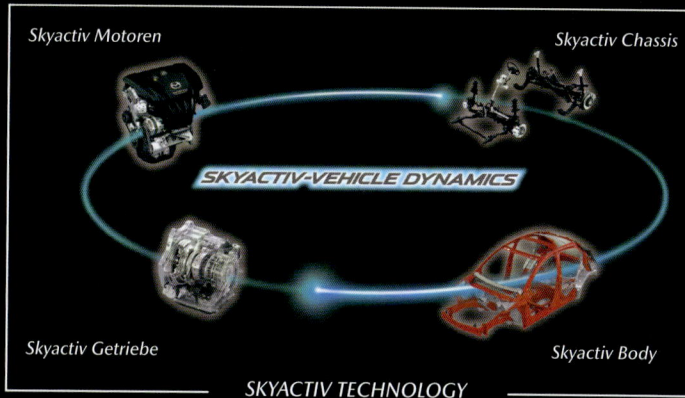

SKYACTIV TECHNOLOGY

SKYACTIV VEHICLE DYNAMICS:
DER NÄCHSTE SCHRITT

Mit **Skyactiv Vehicle Dynamics** weitet Mazda die Technik-
offensive auf den Bereich Fahrdynamik aus. Den Anfang macht
die Fahrdynamik-Regelung G-Vectoring Control Plus (GVC Plus)
– ein ausgeklügeltes Software-System, das Einlenkverhalten,
Handling-Eigenschaften und Fahrkomfort verbessert mit kaum
merklichen Eingriffen in die Motorsteuerung und das Bremssys-
tem. Auf Basis der Lenkbewegungen werden dadurch die Quer-
und Längsbeschleunigungskräfte kontrolliert und die vertikale
Radlast beeinflusst, die auf die einzelnen Räder wirkt. Das Fahrzeug lenkt dadurch präziser in Kurven ein und ermöglicht ein
stabiles Durchfahren der Kurve ohne überflüssige Lenkeingriffe.
Auch auf gerader Strecke reduziert sich die Notwendigkeit unbe-
wusster Lenkkorrekturen.

KRAFT, GESCHWINDIGKEIT UND ELEGANZ

*Mazda Minagi:
eine Blaupause des Kodo Designs aus
Kraft, Schönheit, Spannung*

DIE MODELLE DER NEUEN MAZDA GENERATION strotzen vor Vitalität, Stärke und Tiefe. Verantwortlich dafür: die Designsprache Kodo – Soul of Motion, die mit dem Mazda CX-5 Einzug in das Modellprogramm hielt. Entwickelt und vorangetrieben von Chefdesigner Ikuo Maeda, bringt sie mit ihrem spannungsgeladenen Zusammenspiel aus Kraft und Geschwindigkeit das Wesen der Bewegung auf emotionale Weise zum Ausdruck.

Ihr weltweites Debüt feiert die Kodo Designsprache in Los Angeles 2010 mit der Vorstellung des Mazda Shinari, einem von energiegeladener Bewegung und subtiler Eleganz geprägten viertürigen Coupé. Im Frühjahr 2011 enthüllt Mazda auf dem Genfer Automobilsalon mit dem Minagi das zweite Kodo Konzeptfahrzeug. Noch im gleichen Jahr folgt auf der IAA mit dem CX-5 das erste Serienmodell mit der neuen Formensprache.

Das Kodo Thema verleiht jedem Modell eine eigenständige Persönlichkeit. Zugleich teilen sich die Mazda Modelle der neuen Generation eine Reihe von charakteristischen Design-Elementen.

KODO : SOUL of MOTION

Über die Schönheit der Formen und Oberflächen hinaus bietet das Kodo Design eine ausgezeichnete Funktionalität. Es ist auf minimalen Luftwiderstand ausgelegt und gewährleistet bei allen neuen Mazda Modellen Top-Aerodynamikwerte. Zudem erweitern die nach hinten versetzte Fahrgastzelle und die weiter hinten platzierten A-Säulen das Sichtfeld des Fahrers und erhöhen damit die Sicherheit.

Weit nach hinten versetzte Fahrgastzelle

Zurück versetzte A-Säulen

Wechselspiel von Oberflächen und Lichtreflexionen

Charakteristische Scheinwerfer

Kurze Karosserieüberhänge

Kühlergrill mit Flügelmotiv

Langer Radstand

Selbstbewusst geformte Radhäuser

DIE CROSSOVER-
OFFENSIVE

MIT DEM VERKAUFSSTART DES ERSTEN MAZDA CX-5 im Frühjahr 2012 läutet Mazda nicht nur eine neue Technik- und Design-Ära ein: Der kompakte Crossover ist gleichzeitig das erste speziell auf die Bedürfnisse und Anforderungen des europäischen Marktes zugeschnittene Kompakt-SUV der Marke – und markiert damit den Einstieg von Mazda in eine neue Fahrzeugklasse.

Ein Kompakt-SUV als absoluter Bestseller: der Mazda CX-5

Das zuvor angebotene Mazda SUV – der 2006 in Nordamerika eingeführte und seit 2007 in Europa vertriebene CX-7 – ist in Deutschland und Europa über den Status eines Nischenmodells nicht hinausgekommen, sicher auch deshalb, weil er sich in einem höheren Fahrzeug- und Preissegment bewegte.

DER CX-5 HINGEGEN avanciert auf Anhieb zum Bestseller – insbesondere auch wegen seines Crossover-Charakters, der die funktionalen Eigenschaften und die Attraktivität eines SUV mit den kompakten Abmessungen, der handlichen Fahrdynamik und den moderaten Verbrauchswerten eines Kompaktwagens verbindet. Dass ihm das so überzeugend gelingt, ist vor allem den neuen Skyactiv Technologien und der Mazda Kompetenz für Leichtbau zu verdanken. Der CX-5 ist leicht, agil und effizient – und sieht dabei noch gut aus. Ein modernes SUV ganz nach dem Geschmack europäischer Kunden, das zugleich die Weichen stellt für die anhaltende Erfolgsgeschichte der Marke. Rund drei Jahre nach dem Marktstart passiert die Zahl der weltweit verkauften CX-5 die Schwelle von einer Million Einheiten, bis Dezember 2016 werden bereits mehr als 1,5 Millionen Exemplare des Crossover-SUV abgesetzt.

IM SOMMER 2015 SETZT DER MAZDA CX-3 den Erfolg des großen Bruders im schnell wachsenden Segment der B-Crossover fort. Mit bewährtem Rezept: einem attraktiven, im Segmentvergleich ungewöhnlich dynamischen und emotionalen Design, effizienten Antriebstechnologien, geringem Gewicht

sowie einem großzügigen und klar strukturierten Interieur, das mit viel Liebe zum Detail verarbeitet wurde. Aus dem Stand katapultiert sich der neue Mazda CX-3 auf Platz zwei der meistverkauften Mazda Modelle.

WÄHREND IM MODELLJAHR 2017 der CX-5 in zweiter Generation mit weiterentwickeltem Kodo Design und neu gestalteter Fahrgastzelle mit „Heads-up-Cockpit" vorfährt, passt sich der überarbeitete CX-3 gleichzeitig noch besser dem aktiven Lebensstil seiner Kunden an. Dies durch Serienfeatures wie der G-Vectoring Control für bessere Handling-Eigenschaften und i-Activsense Sicherheitssystem. Fortan stellen die beiden Crossover-SUV CX-3 und CX-5 sowohl in Deutschland als auch in Europa fast die Hälfte des gesamten Mazda Absatzes, aber weitere Mazda Crossover-Modelle kündigen sich bereits an.

Der nächste Bestseller: kompakter Crossover-SUV Mazda CX-3

TECHNISCHE DATEN

PRODUKTIONSZEITRAUM
ab 2014

IN DEUTSCHLAND
ab 2015

MOTOREN
Skyactiv G und D Vierzylinder-Benziner und -Diesel

HUBRAUM
1.496 - 1.499 cm^3

LEISTUNG
55 kW/75 PS -
85 kW/115 PS

KAROSSERIEFORM
Fünftürer

PREISGEKRÖNTER EINSTIEG

KODO IM KLEINWAGENFORMAT: Eine lange Motorhaube und nach hinten versetzte A-Säulen verleihen dem Mazda 2 eine Emotionalität, die man in dieser Klasse nur selten antrifft. Das Markendesign geht
dabei nicht zu Lasten von Platzangebot und Funktionalität. Im Gegenteil: Die Gestaltung des Innenraums
folgt dem Primat der Ergonomie – selbstverständlich in hoher Materialqualität und sorgfältiger Verarbei-
tung. Sogar ein Head-up-Display ist erstmals in diesem Segment verfügbar, und auch die Voll-LED
Scheinwerfer unterstreichen, dass der Mazda 2 neben seiner attraktiven Optik auch einen technologischen Führungsanspruch anstrebt.

Dem Vorgängermodell, seines Zeichens Leichtbau-Vorreiter, knöpft der neue Mazda 2 beim Karosserie-
gewicht nochmals sieben Prozent ab und bietet eine Mischung aus Leidenschaft, Effizienz und Leichtfüßigkeit, die man getrost einzigartig nennen darf. Eigenlob? Nein, viele Branchenkenner bestätigen das –
und würdigen den Mazda 2 mit renommierten Preisen wie dem Goldenen Lenkrad, dem Car of the Year
Award in Japan oder der Auszeichnung als Supermini of the Year in Großbritannien.

LEIDENSCHAFT UND LEICHTBAU IN DER KOMPAKTKLASSE

DER BESTSELLER ERFINDET SICH NEU: Mit der dritten Modellgeneration halten Kodo Design und Skyactiv Technik Einzug in die Erfolgsbaureihe und verschaffen dem bislang vor allem als Kurvendynamiker bekannten Mazda 3 im extrem umkämpften Wettbewerbsumfeld einen Vorteil in Sachen Leidenschaft und Leichtbau. Je nach Version bringt der Neue bis zu 70 Kilogramm weniger auf die Waage als der Vorgänger.

Premiere feiert außerdem ein neues Interieur- und Ergonomie-Konzept, das den Innenraum in zwei klar abgegrenzte Zonen unterteilt. Im Cockpit dreht sich alles um eine einfache, intuitive Bedienung – mit perfekt angeordneten Instrumenten und Bedienelementen, neuem Multi Commander auf der Mittelkonsole, gut ablesbaren Anzeigen und modernen Infotainment-Angeboten wie dem MZD Connect.

Der Bereich für Beifahrer und Fondpassagiere hingegen ist auf hohen Komfort und maximale Bewegungsfreiheit ausgelegt. Dabei hilft, dass der Radstand auf fürstliche 2.700 Millimeter anwächst: neuer Bestwert im Segment.

TECHNISCHE DATEN

PRODUKTIONSZEITRAUM
2013 - 2019

IN DEUTSCHLAND
2013 - 2019

MOTOREN
Skyactiv G und D Vierzylinder-Benziner und -Diesel

HUBRAUM
1.496 - 2.191 cm^3

LEISTUNG
74 kW/100 PS -
121 kW/165 PS

KAROSSERIEFORM
Fünftürer, viertürige Limousine

KODO IN SEINER REINSTEN FORM

TECHNISCHE DATEN

PRODUKTIONSZEITRAUM
ab 2012

IN DEUTSCHLAND
ab 2013

MOTOREN
Skyactiv G und D Vierzylinder-Benziner und -Diesel

HUBRAUM
1.998 - 2.488 cm³

LEISTUNG
107 kW/145 PS -
141 kW/192 PS

KAROSSERIEFORM
viertürige Limousine, Kombi

DER MAZDA CX-5 WAR der erste Mazda im Kodo Design, aber das volle Potenzial der neuen Formensprache kommt erst im neuen Mazda 6 so richtig zur Geltung. Die charakterstarken Linien, die ausgewogenen Proportionen und das wechselvolle Spiel aus Licht und Schatten sind der dritten Generation der Mittelklasse-Baureihe praktisch auf den Leib geschneidert.

Das sehen Publikum und Fachleute genauso: Die Leser der Auto Bild wählen den Mazda 6 2013 zum schönsten Auto der europäischen Mittelklasse und verleihen ihm den „Auto Bild Design Award", der deutsche Rat für Formgebung kürt ihn beim „Automotive Brand Contest" zum Sieger der Kategorie „Exterior Volume Brand".

Auf Basis der spektakulären Studien Shinari und Takeri, die Mazda in den Monaten vor der Premiere des neuen Mazda 6 präsentiert hat, entwickeln die Limousine und der Kombi eine ganz besondere Kraft der Harmonie. Eine Harmonie, die in der Versöhnung von Schönheit und Funktionalität zum Ausdruck kommt, aber auch im stilvollen, leisen und ergonomischen Interieur und in den so kraftvollen wie effizienten Skyactiv Antrieben.

DER SKYACTIV ROADSTER

ES IST EIN BISSCHEN SO, ALS SCHLIESSE SICH EIN KREIS: Jene Skyactiv Technologien, für deren Entwicklung die ersten drei, von Leichtbau, Purismus und Fahrspaß geprägten MX-5 Generationen den Impuls lieferten, halten nun Einzug in die Roadster-Baureihe. MX-5 Nummer vier, der im Herbst 2014 in einer Simultanpremiere auf mehreren Kontinenten enthüllt wird und ein Jahr später zu den Händlern rollt, ist der erste MX-5 der neuen Skyactiv Ära, der kürzeste MX-5 in der über 25-jährigen Modellgeschichte und so leicht wie seit der ersten Generation nicht mehr.

Als eigenständige Bereicherung der Baureihe folgt Anfang 2017 der MX-5 RF mit cleverer dreiteiliger Dachkonstruktion für mehr Ganzjahreskomfort. Und auch hier schließt sich ein Kreis: Aus so manchem Blickwinkel erinnert der RF mit seinem Fastback-Design an traditionelle britische Sportwagen, die seinerzeit die Mazda Verantwortlichen zum ersten MX-5 inspirierten.

TECHNISCHE DATEN
MAZDA MX-5 / MAZDA MX-5 RF

PRODUKTIONSZEITRAUM
ab 2015 / ab 2016

IN DEUTSCHLAND
ab 2015 / ab 2017

MOTOREN
Skyactiv G Vierzylinder-Benziner
Skyactiv G Vierzylinder-Benziner

HUBRAUM
1.496 - 1.998 cm³ / 1.496 - 1.998 cm³

LEISTUNG
96 kW/131 PS - 135 kW/184 PS
96 kW/131 PS - 135 kW/184 PS

KAROSSERIEFORM
Roadster
Roadster mit elektrischem Hardtop

DER KLEINE BRUDER

MIT DEM CX-3 STEIGT MAZDA im Frühsommer 2015 in die Klasse der B-Segment-Crossover ein – und wiederholt dort aus dem Stand jenen Erfolg, den die Marke mit dem CX-5 bereits eine Klasse höher feiert. Emotionales Kodo Design, effiziente Skyactiv Technik, agile Fahreigenschaften: Im Grunde ist der CX-3 ein ganz normaler Mazda der neuen Generation, aber im boomenden Segment der kleinen Crossover-SUV ist das nun einmal alles andere als normal.

Vor allem die charakteristische Seitenansicht mit langer Front, weit nach hinten gerückter Fahrgastzelle und schwarzer D-Säule macht den CX-3 einzigartig. Und auch technisch hat das City-SUV einiges zu bieten: etwa das umfangreiche Arsenal moderner Assistenzsysteme und die ebenso umfangreichen Antriebsoptionen. Denn die Skyactiv Benzin- und Dieselmotoren lassen sich mit Schaltgetriebe und Automatik sowie mit Front- und Allradantrieb kombinieren.

TECHNISCHE DATEN

PRODUKTIONSZEITRAUM
ab 2014

IN DEUTSCHLAND
2015 - 2021

MOTOREN
Skyactiv G und D Vierzylinder-Benziner und -Diesel

HUBRAUM
1.499 - 1.998 cm³

LEISTUNG
77 kW/105 PS -
110 kW/150 PS

KAROSSERIEFORM
Crossover-SUV

DER AUFBRUCH

ES IST MEHR ALS NUR DER EINSTIEG in eine vielverspre-chende neue Fahrzeugklasse: Mit dem CX-5 bricht Mazda in eine neue Zeit auf. Als erstes Modell mit Skyactiv Tech-nik und Kodo Design ebnet das kompakte Crossover-SUV, das im Herbst 2011 auf der IAA Premiere feiert, einer neuen Mazda Generation den Weg und legt dabei den Grundstein für einen beispiellosen weltweiten Wachstumskurs der Marke.

Das Debüt im SUV-Segment gelingt auch deshalb so über-zeugend, weil Mazda mit dem CX-5 alles andere als ein gewöhnliches Produkt vorlegt: Seine Anziehungskraft entfaltet das Mazda SUV aus der Entschlossenheit seiner Designer und Ingenieure, neue Wege zu beschreiten und sich dabei bewusst bequemen Lösungen zu verweigern.

Es sind die technische Konsequenz und der Erfindungs-reichtum der Skyactiv Innovationen sowie die in dieser Klasse bislang kaum anzutreffende Mischung aus stilvoller, sportiver Eleganz und hoher Funktionalität, die den CX-5 auf Anhieb zum meistverkauften Modell der Marke machen.

TECHNISCHE DATEN

PRODUKTIONSZEITRAUM
2011 - 2017

IN DEUTSCHLAND
2012 - 2017

MOTOREN
Skyactiv G und D Vierzylin-der-Benziner und -Diesel

HUBRAUM
1.998 - 2.488 cm³

LEISTUNG
110 kW/150 PS -
141 kW/192 PS

KAROSSERIEFORM
SUV

FORTSCHRITT IM DETAIL

DER PIONIER GEHT ERNEUT VORAN: Fünf Jahre nachdem der CX-5 eine neue Mazda Ära ausrief, weist er erneut die Richtung. Die Revolution bleibt diesmal aus: Für einen grundlegenden Wandel gibt es angesichts des anhaltenden globalen Erfolgs des Mazda Modellprogramms einfach keinen Grund.

Stattdessen haben sich die Entwickler und Designer dem Fortschritt im Detail gewidmet. Es geht um Robustheit, vor allem aber auch um Raffinesse: beim besonders stilvoll wirkenden,

ausgereiften Kodo Außendesign, dem hochwertig und durchdacht eingerichteten Interieur und der auf ein neues Niveau gehobenen Fahrkultur, die sich nicht zuletzt umfangreichen Maßnahmen zur Geräusch- und Vibrationsdämmung verdankt.

Weiter in Richtung Premium-Segment rücken den CX-5 auch neue Komfort- und Sicherheits-Features wie eine elektrisch bedienbare Heckklappe und das Head-up-Display mit Windschutzscheiben-Projektion.

CROSSOVER-OFFENSIVE IN ASIEN

TECHNISCHE DATEN
MAZDA CX-4 / MAZDA CX-8

PRODUKTIONSZEITRAUM
ab 2016 / ab 2017

IN DEUTSCHLAND
nicht angeboten / nicht angeboten

MOTOREN
Skyactiv G Vierzylinder-Benziner
Skyactiv G und D Vierzylinder-
Benziner und -Diesel

HUBRAUM
1.998 - 2.488 cm³ / 2.191 - 2.488 cm³

LEISTUNG
116 kW/158 PS - 141 kW/192 PS
140 kW/190 PS - 169 kW/230 PS

KAROSSERIEFORM
Crossover-Coupé / SUV

NACH DEM ERFOLG VON MAZDA CX-5 UND MAZDA CX-3 erprobt der japanische Hersteller den Ausbau des Crossover-Programms. Zunächst in Übersee: Während der CX-4 für den chinesischen Markt gedacht ist, präsentiert Mazda auf der Tokyo Motor Show 2017 mit dem CX-8 ein großes Crossover-Modell vor allem für den japanischen Heimatmarkt und Australien. Dort reüssiert der Mazda CX-8 als verlängerte Variante des CX-5 mit sieben Sitzen in drei Sitzreihen.

Noch spannender ist der CX-4, mit dem Mazda erstmals das Konzept der Crossover-Coupés auslotet. Vorbild ist die Studie Koeru, die das Unternehmen auf der IAA 2015 gezeigt hat, um damit, der Bedeutung des japanischen Begriffs entsprechend, Grenzen zu „überschreiten". Das spiegelt sich beim für den chinesischen Markt entwickelten Mazda CX-4 unter anderem in der flacheren Dachlinie, die coupéartig zum Heck hin ausläuft, den schmalen Fenstern und in weiteren Details, die den dynamischen Charakter des Modells betonen. Crossover-typische Merkmale gibt es auch: die höhere Bodenfreiheit etwa oder die ausgestellten Radhäuser. In Europa wird später der Mazda CX-30 das Konzept des CX-4 aufnehmen und weiterentwickeln.

MIT INNOVATIONSKRAFT IN
EIN NEUES JAHRHUNDERT

DIE AUTOMOBILWELT VERÄNDERT SICH – das gilt auch für Mazda. Zum 100. Geburtstag des Unternehmens im Jahr 2020 unterstreicht die Marke mit einem stark von japanischer Ästhetik beeinflussten Design und hochwertigen Interieurs mehr denn je ihren Premium-Charakter und stellt mit ihrem Multi-Solution-Ansatz technisch die Weichen in Richtung Klimaneutralität.

- Zum Start ins Jubiläumsjahr 2020 gibt es gleich etwas zu feiern: Für das abgelaufene Jahr kann Mazda das beste Verkaufsergebnis in Deutschland seit 2006 und das siebte Wachstumsjahr in Folge vermelden
- Der Mazda 2 wird aktualisiert und erhält die jüngste, auf das Wesentliche reduzierte Version des Kodo Designs und das Mazda M Hybrid System
- Der Skyactiv X räumt ab: Bei den renommierten Paul-Pietsch-Awards wird der Benzinmotor mit Kompressionszündung als innovativste technische Entwicklung des Jahres ausgezeichnet
- Große Anerkennung: Der neue Mazda 3, das erste Modell mit dem weiterentwickelten Kodo Design, erhält den „World Car Design of the Year 2020" Award
- Spannende Sondereditionen zum Firmenjubiläum: Die 100th Anniversary Sondermodelle für alle Mazda Modellreihen übernehmen das zweifarbige Farbschema in Weiß und Burgunderrot des R360 Coupé, des ersten Mazda Pkw

Mazda typisches Fahrvergnügen und vorbildliche Umwelteigenschaften: der Mazda CX-60 als erster Plug-in-Hybrid der Marke

- Im Herbst 2020 bringt Mazda mit dem MX-30 sein erstes vollelektrisches Modell auf den Markt
- Fernbedienung per Smartphone, direkter Kontakt zum Händler, E-Mobilitätsfunktionen für Kunden des MX-30: Mit der weiterentwickelten MyMazda App startet Mazda in eine neue Ära der Konnektivität
- Nach der überaus erfolgreichen ersten Staffel mit 3,84 Millionen Views geht das YouTube-Format #fragMazda in die nächste Runde
- Als erster Automobilhersteller tritt Mazda der eFuel Alliance bei, die die Nutzung CO_2-neutraler synthetischer Kraftstoffe und von Wasserstoff fördert. Dieses Engagement von Mazda steht im Einklang mit der Überzeugung, dass die Kombination verschiedener Technologien die wirkungsvollste Möglichkeit zur Senkung von Emissionen ist
- Zusammen mit Toyota, Suzuki, Subaru und Daihatsu will Mazda die Einführung moderner Technologien und Services im Bereich Vernetzung beschleunigen
- Umfangreiche Verbesserungen, ein noch markanteres Design und eine neue Ausstattungsstruktur mit mehr Raum zur Individualisierung: Zum Modelljahr 2022 wird der Bestseller CX-5 umfassend aufgewertet
- Gemeinsam mit Toyota und Subaru sowie mit anderen Partnern arbeitet Mazda an der Entwicklung alternativer Kraftstoffe, die zunächst im Motorsport erprobt werden
- Mit dem Mazda 2 Hybrid geht im Frühjahr 2022 das erste Vollhybridmodell von Mazda an den Start
- Im März 2022 feiert mit dem Mazda CX-60 e-Skyactiv PHEV das erste Plug-in-Hybridmodell der Marke Premiere. Der CX-60 ist das erste von zwei größeren Crossover-Modellen, mit denen Mazda sein Portfolio in Europa weiter ausbaut; auf dem nordamerikanischen Markt wird außerdem der neue CX-50 eingeführt
- Qualitätsversprechen: Alle Neuwagen werden künftig mit einer Sechs-Jahres-Garantie ausgeliefert
- Eine optimierte Ladetechnik verkürzt die Ladezeiten beim elektrischen MX-30
- Starke Ansage: Bis 2035 sollen alle Mazda Werke weltweit CO_2-neutral werden

MEHRGLEISIG IN DIE ZUKUNFT

DER VERKEHRSSEKTOR MUSS CO₂-EMISSIONEN senken und die Automobilindustrie auf lange Sicht komplett oder nahezu klimaneutral arbeiten – über diese Ziele sind sich im Prinzip alle Akteure einig. Doch welcher Weg dorthin ist der beste? Nach fester Überzeugung von Mazda gibt es nicht nur den einen Weg, sondern mehrere. Die richtige Lösung zur richtigen Zeit an jedem Ort: Dies ist das Ziel, das Mazda mit dem Multi-Solution-Ansatz verfolgt.

Um schnell große Effekte bei der Verringerung der Treibhausgasemissionen zu erzielen, müssen viele verschiedene Faktoren berücksichtigt werden: zum Beispiel der Anteil erneuerbarer Energien an der Stromproduktion, die Verfügbarkeit einer Ladeinfrastruktur und auch die wirtschaftliche Situation des jeweiligen Landes. Entscheidend ist zudem die CO₂-Gesamtbilanz eines Antriebs: Mazda berücksichtigt daher die ganzheitliche „Well-to-Wheel"-Perspektive, die sämtliche CO₂-Emissionen von der Kraftstoff- und Elektrizitätserzeugung bis zur Fahrt auf der Straße aufsummiert.

AUCH FÜR MAZDA IST DIE ELEKTROMOBILITÄT ein entscheidender Faktor, um bis 2050 Klimaneutralität zu erreichen. Das Unternehmen entwickelt eine eigenständige Plattform für Elektrofahrzeuge, die ab 2025 startet und den Anteil

Elektroantrieb neu gedacht: Der Mazda MX-30 berücksichtigt die „Well-to-Wheel"-Bilanz

vollelektrischer Fahrzeuge insbesondere in Europa bis 2030 erheblich vergrößern wird. Alle anderen Modelle mit ihren hocheffizienten Verbrennungsmotoren werden bis dahin per Mild-, Voll- oder Plug-in-Hybrid teilelektrifiziert sein.

Hier hat Mazda mit dem neuen CX-60, dem Mazda 2 Hybrid und dem Mazda M Hybrid System in jüngster Zeit bereits große Fortschritte erzielt.

Doch der elektrische Antrieb ist nicht die einzige Lösung, um die individuelle Mobilität auf globaler Ebene schnell klimafreundlicher zu gestalten. Da es mittelfristig weiterhin viele Fahrzeuge mit Verbrennungsmotor geben wird, treibt Mazda auch die Optimierung und Effizienzsteigerung konventioneller Antriebe – mit dem innovativen Skyactiv X Benziner als besonders eindrucksvollem Beispiel – und den breiteren Einsatz CO₂-neutraler Kraftstoffe voran. Damit können aktuelle Fahrzeuge mit Verbrennungsmotor klimaschonend weiterbetrieben werden.

50 JAHRE MAZDA IN DEUTSCHLAND

DEN WANDEL EINGELÄUTET

WEITERENTWICKELTES DESIGN, fortschrittliche Technologien und die Aussicht auf neue Modelle: Zum runden Geburtstag zeigt sich Mazda in Deutschland in exzellenter Form. Das liegt vor allem daran, dass die Marke sich stets treu geblieben ist.

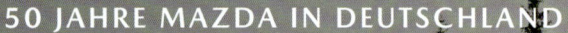

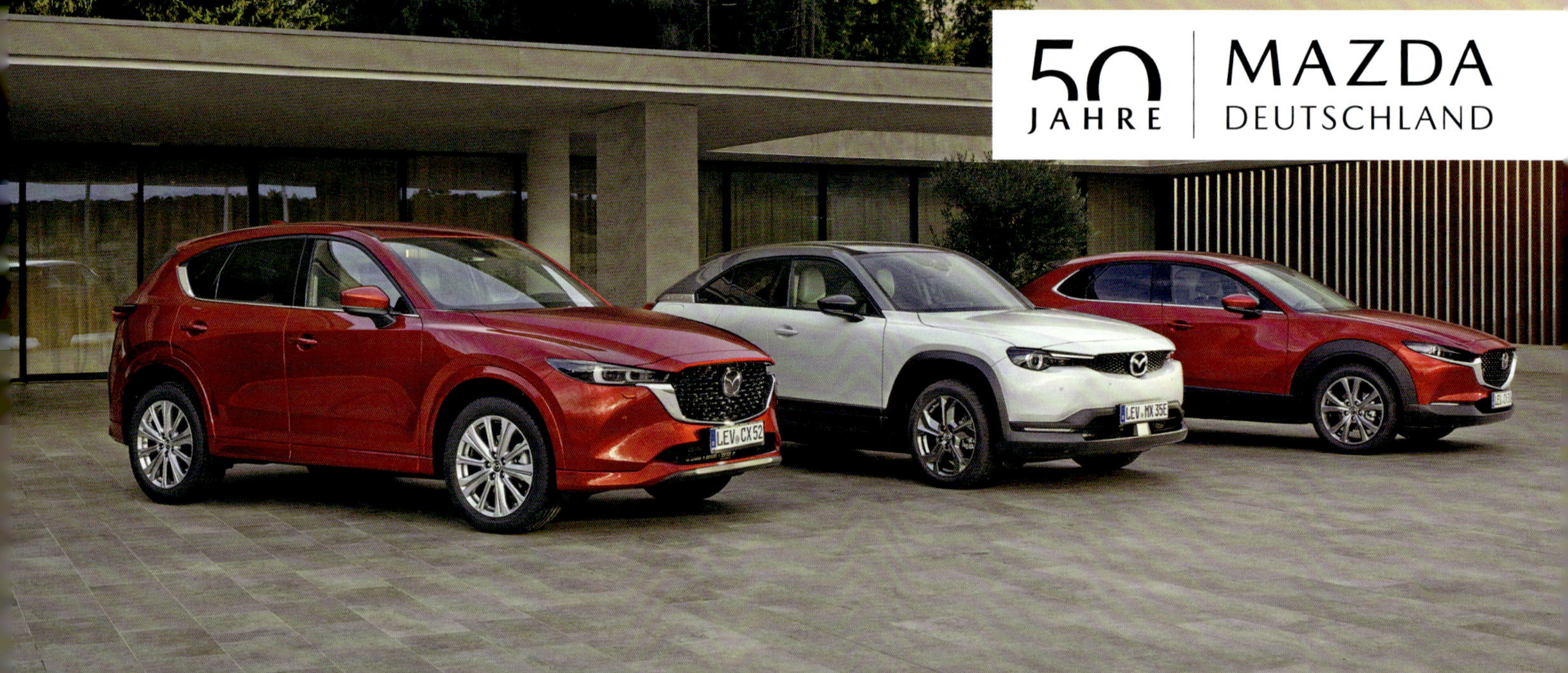

50 JAHRE MAZDA IN DEUTSCHLAND – das ist eine von besonderen Modellen und Momenten geprägte einzigartige Erfolgsgeschichte. Ein halbes Jahrhundert nach dem Marktstart in Deutschland präsentiert sich Mazda heute als Marke mit Premium-Anspruch, die die Herausforderungen der Gegenwart mit Mut, Innovationskraft und unkonventionellem Denken angeht. In einer Zeit der Transformation, die die gesamte Branche und die Welt der Mobilität erfasst hat, stellt sich Mazda damit – verbunden mit dem klaren Bekenntnis zu den einzigartigen Markenwerten – für die Zukunft auf.

WAS ANDERE FÜR UNMÖGLICH HALTEN, wird für Mazda erst interessant: Dieser Challenger-Spirit hat das Denken und Handeln des Unternehmens in den 50 Jahren, die seit dem Eintrag der deutschen Vertriebsgesellschaft ins Düsseldorfer Handelsregister am 22. November 1972 vergangen sind, immer wieder bestimmt. Der Mazda MX-5 als ewig junge Fahrspaß-Ikone und Auslöser der Roadster-Renaissance, der Mazda CX-5 als eleganter Bestseller im Crossover-Segment, der Mazda 3 als sportliches Designerstück in der Kompaktklasse, Antriebstechnologien wie der Kreiskolben-Motor damals und heute der Skyactiv X sowie der Mazda MX-30 als neu gedachtes Elektroauto – in diesen und vielen weitere Beispielen kommt der besondere Weg der Marke zum Ausdruck.

Diesen Weg wird das Unternehmen auch in Zukunft gehen. Mit dem Mazda 3 der neuen Generation und den folgenden Modellen hat das Unternehmen den Wandel bereits eingeläutet. Das Kodo Design verströmt in seiner neuesten Interpreta-

tion eine unnachahmliche Eleganz, die auf dem Markt einzigartig ist und jedem Mazda in seiner Klasse eine charakteristische Stellung verleiht. Die weiterentwickelten Skyactiv Technologien für Fahrwerk und Antriebe sind mehr denn je auf ein natürliches Fahrgefühl ausgelegt und darauf, dass sich Mensch und Maschine komplett im Einklang bewegen. Und die Technologien für Cockpit, Konnektivität und Sicherheit schreiben den typischen Mazda Ansatz fort: mit Fokus auf den Menschen, nicht auf die Technik.

DIESEN WERTEN FOLGT MAZDA auch bei der Erweiterung des Modellprogramms. Insbesondere im Crossover-Segment hat sich das Unternehmen in den vergangenen Jahren mit seiner CX-Familie eine wichtige Marktposition erarbeitet, die mit dem neuen Mazda CX-60 weiter ausgebaut wird. Der große Crossover ist zugleich Botschafter des Multi-Solution-Ansatzes von Mazda: Er treibt die Elektrifizierung der Antriebspalette voran, zeigt aber auch, dass hocheffiziente Verbrennungsmotoren je nach Modell, Region und Einsatzbereich weiterhin eine passende Lösung sein können.

Mazda geht es immer um Harmonie und Einklang, zwischen Fahrer und Fahrzeug, zwischen Mensch und Natur, zwischen Auto und Straße

Elektrisierend: der e-Skyactiv EV Antrieb im Mazda MX-30

DIE PASSENDE LÖSUNG

MIT GROSSEN SCHRITTEN IN DAS ZEITALTER DER ELEKTRIFIZIERUNG: Unter dem Dach der Skyactiv Technologie-Entwicklung treibt Mazda die Modernisierung seines Antriebsportfolios voran. Der Multi-Solution-Ansatz gibt dabei die Richtung vor: Mazda geht es darum, die passende Antriebstechnik für die jeweiligen Anforderungen anzubieten.

Pionier:
Mazda e-Skyactiv X

E-SKYACTIV X

Das Beste aus zwei Welten: Mit dem bahnbrechenden e-Skyactiv X demonstriert Mazda das Innovationspotenzial moderner Verbrennungsmotoren. Das Triebwerk vereint die Vorteile eines konventionell per Zündkerze zündenden Benzinmotors – ein breites nutzbares Drehzahlband und sauberere Abgase – mit der Effizienz eines Dieselmotors mit Kompressionszündung. Oder anders ausgedrückt: Der e-Skyactiv X ist der erste Serienbenziner, der in großen Bereichen wie ein Diesel arbeitet.

Das gelingt mit Hilfe des von Mazda entwickelten und patentierten Verbrennungsverfahrens namens „**SP**ark **C**ontrolled **C**ompression **I**gnition" (SPCCI). Dabei wird per Zündkerze ein zusätzlicher Druckanstieg im Brennraum ausgelöst, der die Kompressionszündung einleitet. Es ist dieser Kniff, der dafür eine Kompressionszündung in vielen Betriebsbereichen des Motors möglich macht und der einen nahtlosen Übergang zwischen Betrieb mit Kompressions- und Fremdzündung sicherstellt.

SKYACTIV G

Die Skyactiv G Benzinmotoren arbeiten mit einem überdurch-
schnittlich hohen Verdichtungsverhältnis und ermöglichen damit eine besonders effiziente Nutzung der Energie, die im Kraftstoff steckt. Je nach Modell und Motorvariante sorgt zudem
eine Zylinderabschaltung für eine weitere Verringerung des
Kraftstoffverbrauchs im Teillastbetrieb. Das System deaktiviert
im Niedriglastbereich – etwa beim Fahren mit konstantem
Tempo – die beiden äußeren Zylinder: eine insbesondere bei
geringen Fahrgeschwindigkeiten höchst effektive Maßnahme
zur Verbrauchseinsparung. Zur weiteren Effizienzsteigerung
kommt in allen e-Skyactiv G Versionen zudem das Mazda
M Hybrid System zum Einsatz.

Schlüsselfaktor Verdich-
tungsverhältnis: Mazda
Skyactiv G Benziner

Dieseltechnik neuester Stand:
Mazda e-Skyactiv D
Sechszylinder-Selbstzünder

SKYACTIV D

Auch die kontinuierlich verbesserten Skyactiv D Dieselmotoren erfüllen weiterhin eine wichtige Rolle bei der Senkung von
Verbrauch und CO_2-Emissionen. Zusätzlich bietet Mazda mit
dem neuen Reihensechszylinder-Diesel e-Skyactiv D beein-
druckende Innovationen, unter anderem ein neues Brennverfahren namens DCPCI (**D**istribution-**C**ontrolled **P**artially
Premixed **C**ompression **I**gnition).

Hierdurch verbessern sich Effizienz, Emissionen und der ther-
mische Wirkungsgrad, der auf über 40 Prozent ansteigt. Hinzu
kommt der perfekte Massenausgleich und die daraus resultie-
rende vibrationsarme Laufkultur, die der Reihensechszylinder
seiner Bauweise verdankt.

E-SKYACTIV EV

Der e-Skyactiv EV ist der Antrieb des Mazda MX-30, des ersten vollelektrischen Modells der Marke, und ein exzellentes Beispiel für den Rightsizing-Ansatz von Mazda, der die CO_2-„Well-to-Wheel"-Bilanz mit den realen Anforderungen an das Fahrzeug in Einklang bringt.

Bestandteil des Antriebs ist eine 355-Volt-Lithium-Ionen-Systembatterie, die einen 107 kW/145 PS starken Elektromotor speist und mit ihrer Kapazität von 35,5 kWh alltagstaugliche Reichweiten von 200 Kilometern ermöglicht (WLTP kombiniert), zugleich aber klein und leicht genug ist, um den CO_2-Ausstoß über den gesamten Lebenszyklus hinweg gering zu halten.

Vollelektrisches Rightsizing: Mazda e-Skyactiv EV

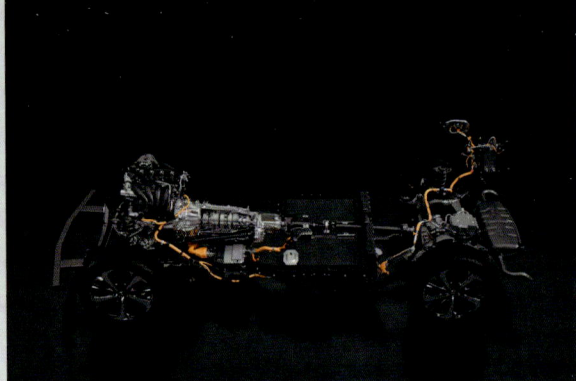

Plug-in-Premiere: Mazda e-Skyactiv PHEV

E-SKYACTIV PHEV

Im neuen Mazda CX-60 feiert 2022 der Plug-in-Hybridantrieb e-Skyactiv PHEV seinen Einstand. Während der 2,5-Liter Skyactiv G Vierzylinder-Benzindirekteinspritzer und der Elektromotor unabhängig voneinander betrieben werden können, ermöglicht die 17,8-kWh-Batterie im Fahrzeugboden eine elektrische Reichweite von bis zu 63 Kilometern (WLTP kombiniert).

Technisches Highlight des leistungsstarken e-Skyactiv PHEV Antriebssystems – die Systemleistung im CX-60 beträgt stattliche 241 kW/327 PS – ist das von Mazda entwickelte und produzierte Achtstufen-Automatikgetriebe, das das Zusammenspiel der beiden Motoren koordiniert. Es verfügt anstelle eines konventionellen hydraulischen Drehmomentwandlers über eine Mehrscheiben-Ölbadkupplung. Diese sorgt zusammen mit dem ebenfalls im Getriebe integrierten Elektromotor – auch das eine Besonderheit – für eine direkte Übertragung des Motordrehmoments auf die Antriebswelle und verbessert dadurch Antriebskomfort und Ansprechverhalten.

MAZDA M HYBRID

Eine ebenso einfache wie wirkungsvolle Form der Elektrifizierung bietet das Mazda M Hybrid System, das in mehreren Baureihen in Verbindung mit den Skyactiv G und Skyactiv X Benzinmotoren zum Einsatz kommt. Es nutzt die beim Verzögern gewonnene Energie, um den Verbrennungsmotor beim Beschleunigen zu unterstützen und Kraftstoff zu sparen. Ein riemengetriebener integrierter Starter-Generator (B-ISG) wandelt die beim Verzögern des Fahrzeugs freigesetzte kinetische Energie in Elektrizität um.

Je nach Modellreihe wird der Strom in einer 24-Volt-Lithium-Ionen-Batterie oder in einem Kondensator gespeichert – einerseits, um die elektrischen Verbraucher an Bord zu versorgen und damit den Verbrennungsmotor von dieser Aufgabe zu entlasten, und andererseits, um beim Beschleunigen den B-ISG zu betreiben und so direkt den Verbrennungsmotor zu entlasten. Markentypisch ist, dass das System nicht nur den Realverbrauch senkt, sondern auch den Fahrspaß steigert und zu einem gleichmäßigeren und komfortablen Fahrerlebnis beiträgt.

Neben der 24-Volt-Version arbeitet Mazda auch an einem 48-Volt-System, dem Mazda M Hybrid Boost. Es kommt in Verbindung mit den neu entwickelten Sechszylindermotoren im Mazda CX-60 zum Einsatz, unterstützt beim Anfahren und Beschleunigen im Niedriglastbereich und ermöglicht noch spürbarere Effizienzvorteile.

Intelligente Elektrifizierung mit dem Mazda M Hybrid Boost System

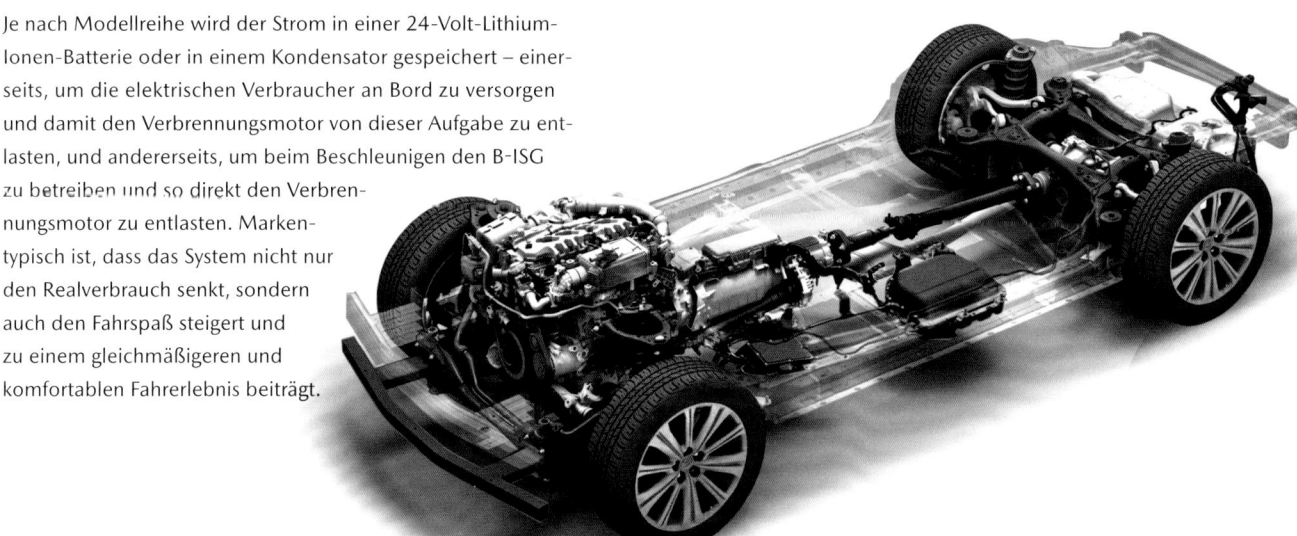

SUBTILE HELFER

IM ZENTRUM DER TECHNIKENTWICKLUNG BEI MAZDA steht seit jeher das Ziel, eine intensive Verbindung zwischen Fahrer und Fahrzeug herzustellen. An diesem Prinzip orientiert sich auch die Arbeitsweise der Sicherheits- und Assistenzsysteme, die in den Modellen der aktuellen Generation zum Einsatz kommen: Sie wollen den Fahrer unterstützen, Gefahren frühzeitig zu erkennen, und ihm dabei helfen, in kritischen Situationen richtig zu reagieren. Andererseits sollen diese Eingriffe der Systeme so selten und so subtil wie möglich erfolgen, um das Fahrerlebnis nicht zu beeinträchtigen.

Die Palette der serienmäßigen und optionalen i-Activsense Sicherheitssysteme zur aktiven Fahrerunterstützung und Kollisionsvermeidung ist umfangreich und wird mit den Jahren immer weiter ausgebaut. Herzstück ist der City-Notbremsassistent, der zunächst Auffahrunfälle im Stadtverkehr verhindert und inzwischen zu einem umfassenden Notbremssystem weiterentwickelt wurde, das auch in höheren Geschwindigkeitsbereichen aktiv ist und neben Fahrzeugen auch Fußgänger und Radfahrer erkennt.

- der aktive Bremseingriff trägt bis 160 km/h zur Vermeidung von Frontalkollisionen bzw. zur Verringerung der Unfallfolgen bei
- die adaptive Geschwindigkeitsregelanlage mit radargestützter Distanzregelung und erweiterter Stauassistenz-Funktion
- der aktive Spurhalteassistent mit Lenkunterstützung und der Spurwechselassistent Plus

- die Ausparkhilfe warnt beim Rückwärtsfahren vor kreuzendem Verkehr
- die Müdigkeitserkennung überwacht das Verhalten des Fahrers und fordert ihn bei Unaufmerksamkeit zum Einlegen einer Pause auf
- die Verkehrszeichenerkennung identifiziert Tempolimits und Warnschilder

- der Aufmerksamkeitsassistent beobachtet mit Hilfe von Infrarot-Kamera den Zustand des Fahrers, erkennt Anzeichen für Müdigkeit sowie Ablenkung und lässt z.B. den Notbremsassistenten früher ansprechen
- der 360° Monitor mit Anzeige der Fahrzeugumgebung aus der Vogelperspektive

KONNEKTIVITÄT: FOKUS AUF BEDIENKOMFORT UND SICHERHEIT

Eine intuitive Bedienung, ohne vom Verkehrsgeschehen abzulenken: Diesem Konzept folgen die Infotainment-Funktionen, die mit dem Konnektivitätssystem Mazda Connect Einzug in die neuen Mazda Modelle gehalten haben. Als Schaltzentrale fungiert je nach Modell und Ausstattungslinie ein bis zu 12,3 Zoll großer Bildschirm mit hochauflösendem Display und ausgezeichneter Ablesbarkeit. Markentypisch einfach ist die Bedienung per Sprachsteuerung oder über den Multi Commander auf der Mittelkonsole: Damit können die Funktionen und Dienste sicher und intuitiv angesteuert werden, ohne den Blick von der Straße nehmen zu müssen.

Über Mazda Connect lassen sich zahlreiche Online-Dienste ins Auto holen, auch die Integration des Smartphones in das Bordsystem per Apple CarPlay und Android Auto ist ganz einfach. Zusätzliche Komfortfunktionen bietet die MyMazda App fürs Handy: Sie ermöglicht beispielsweise das Verriegeln des Fahrzeugs aus der Ferne, das Anzeigen des Standorts, ein Übermitteln des Reiseziels an das Navigationssystem des Fahrzeugs oder eine Warnung, wenn eine Fahrzeugtür gewaltsam geöffnet wird. Auch für das Verwalten von Serviceterminen und für Einblicke in Wartungshistorie und Wartungspläne lässt sich die App nutzen.

DESIGN UND FARBEN

DIE KODO EVOLUTION

DIE MODERNE ENTWICKLUNG DER MARKE MAZDA ist nicht denkbar ohne die Designsprache Kodo – Soul of Motion: Erstmals präsentiert mit der Enthüllung des Konzeptfahrzeugs Shinari im Jahr 2010, fand sie mit dem Mazda CX-5 der ersten Generation 2012 den Weg in die Serie und prägt seither Stil und Anmutung der Mazda Modelle. Mit dem Mazda 3 der vierten Generation, der 2019 auf den Markt kommt, hebt das Unternehmen das Kodo Design auf das nächste Level. Mehr denn je ist die Formensprache von japanischer Ästhetik beeinflusst und erreicht damit künstlerisches Niveau.

Puristisches Design mit Premium-Anmutung: Mazda CX-60

Klassische Kodo Kennzeichen bleiben auch nach der Evolution der Designsprache erhalten: etwa die eleganten ausgewogenen Proportionen mit langem Radstand und kurzen Überhängen, die nach hinten versetzte Fahrgastzelle, die den dynamischen Charakter des Designs unterstreicht, oder das fein austarierte Wechselspiel von Licht und Schatten auf den Karosserieoberflächen.

NEU IST VOR ALLEM DER VERZICHT AUF ALLES ÜBERFLÜSSIGE: Charakterlinien und Verzierungen sind auf ein Minimum reduziert; der Fokus liegt auf glatten Oberflächen, die durch ihre präzise Ausarbeitung die zeitlose Premium-Anmutung des Designs verstärken. Das Ergebnis ist eine minimalistische Eleganz, die Reife und Kultiviertheit vermittelt.

Während konventionelle Karosserielackierungen nur aus der Grundfarbschicht und einer klaren Beschichtung bestehen, nutzt Mazda für seine Sonderfarben eine Drei-Schicht-Struktur aus Reflexionsschicht, lichtdurchlässiger Schicht und klarer Abdeckschicht. Die Farben entstehen im sogenannten Takuminuri-Verfahren, das erstmals in Großserienproduktion maschinell aufgetragene Lackierungen ermöglicht, die wie von Hand aufgetragen wirken. Jüngstes Beispiel ist der Farbton Rhodium White, den Mazda 2022 zunächst im neuen Crossover CX-60 einführt – und in dem sich die Vorliebe der japanischen Ästhetik für einfaches und reines Design mit der Fortschrittlichkeit der Mazda Lackiertechnik vereint.

Mit dem KAI Concept und dem daraus folgenden Mazda 3 vierter Generation zeigt sich das Kodo Design auf noch höherem Niveau

DIE ROLLE DER FARBEN

Für Erscheinungsbild und Wirkung der aktuellen Mazda Modelle spielt Farbe eine entscheidende Rolle. Das Unternehmen entwickelt daher Außenlackierungen, die das Kodo Designthema auf dynamische und zugleich subtile Art und Weise interpretieren. Sonderlackierungen wie Soul Red Crystal sind zu Markenzeichen der modernen Mazda Ära geworden, die die Optik der Marke ebenso prägen wie die Designdetails der Fahrzeuge.

Mazda 2 Hybrid

TECHNISCHE DATEN
MAZDA 2
MAZDA 2 HYBRID

PRODUKTIONSZEITRAUM
ab 2014 / ab 2022

IN DEUTSCHLAND
ab 2015 / ab 2022

MOTOREN
Skyactiv G Vierzylinder-
Benziner / Dreizylinder-
Benziner und E-Motor

HUBRAUM
1.496 cm^3 - 1.499 cm^3
1.490 cm^3

LEISTUNG
55 kW/75 PS - 85 kW/115 PS
85 kW/116 PS

KAROSSERIEFORM
Fünftürer

NOCH ELEGANTER UND EFFIZIENTER

SCHON DIE ERSTEN AUFLAGEN WAREN DESIGN-IKONEN im überwiegend pragmatischen B-Segment – in dritter Generation baut der Mazda 2 diesen Status sogar noch aus. Glatte Oberflächen und präzise ausgearbeitete Formen machen den Kleinwagen zu einem eleganten Botschafter japanischer Ästhetik. Der Premium-Anspruch, den der Mazda 2 optisch verkörpert, spiegelt sich auch in Technologien wie Head-up-Display oder Matrix-LED-Lichtsystem wider, die in dieser Klasse sonst nur selten anzutreffen sind.

Die Motoren verfügen über das innovative Brennverfahren Diagonal Vortex Combustion, das die Verbrennung weiter optimiert, bei den beiden leistungsstärkeren Vari-anten vergrößert das Mazda M Hybrid System nochmals die Effizienz.

Außerdem hält 2022 ein leistungsverzweigtes Vollhybridsystem Einzug in den Kleinwagen. Das erste Mazda Modell mit Vollhybridantrieb wird im Rahmen einer Kooperation von Toyota geliefert und markiert einen weiteren großen Schritt auf dem Weg zur Elektrifizierung der Modellpalette. Insbesondere im Stadtverkehr bietet der Mazda 2 Hybrid hohe elektrische Fahranteile und sorgt damit für ein entspanntes, direktes und komfortables Fahrerlebnis; zugleich garantiert der effiziente Benzinmotor eine uneingeschränkte Alltags- und Langstreckentauglichkeit.

Mazda 2 Hybrid und Mazda 2

EINE NEUE ÄRA FÜR DESIGN UND TECHNIK

GROSSER WURF: Die vierte Generation des Mazda 3 läutet eine neue Ära des Kodo Designs ein und setzt technisch neue Maßstäbe – und wird dafür von allen Seiten mit Auszeichnungen überhäuft. Die auf das Wesentliche reduzierte Formensprache, die im Stile japanischer Ästhetik auf alles Überflüssige verzichtet, wird in den kommenden Jahren die gesamte erneuerte und erweiterte Mazda Modellplatte prägen.

Nicht weniger eindrucksvoll ist das, was sich unter dem eleganten Blechkleid tut: Dort kommt mit dem e-Skyactiv X der erste in Serie gefertigte Benzinmotor der Welt zum Einsatz, der mit dem von Mazda patentierten SPCCI-Brennverfahren mit Kompressionszündung arbeitet. Der hocheffiziente Motor ist ein klassisches Ergebnis der alle Hürden überwindenden, beharrlichen und erfindungsreichen Entwicklungsarbeit von Mazda. Weitere Highlights: die Skyactiv Vehicle Architecture mit neuer Fahrwerkstechnik und neuen Sitzen für ein noch natürlicheres Fahrverhalten und das Mazda M Hybrid System.

TECHNISCHE DATEN

PRODUKTIONSZEITRAUM
ab 2019

IN DEUTSCHLAND
ab 2019

MOTOREN
Skyactiv G und X
Vierzylinder-Benziner

HUBRAUM
1.998 cm^3

LEISTUNG
90 kW/122 PS -
137 kW/186 PS

KAROSSERIEFORM
Fünftürer, viertürige
Fastback-Limousine

TECHNISCHE DATEN

PRODUKTIONSZEITRAUM
ab 2012

....

IN DEUTSCHLAND
ab 2013

....

MOTOREN
Skyactiv G Vierzylinder-
Benziner

....

HUBRAUM
1.998 - 2.488 cm^3

....

LEISTUNG
107 kW/145 PS -
143 kW/194 PS

....

KAROSSERIEFORM
viertürige Limousine, Kombi

AUSGEREIFTE ELEGANZ

**IN SEINER AKTUELLEN AUFLAGE GEWINNT DER
MAZDA 6** noch einmal an Ausdrucksstärke und Präsenz.
„Ausgereifte Eleganz" nennen die Mazda Designer den
Premium-Charakter, der dem Mazda 6 aus den Fasern
seines Blechkleids strömt. Im Inneren des Mazda 6, der
weiterhin als elegante viertürige Limousine und als ge-
räumiger Kombi angeboten wird, sorgen serienmäßige
Technik-Highlights wie das Advanced Head-up-Display
und das Navigationssystem für ein beispielloses Komfort-
niveau.

Nicht weniger ausgereift präsentiert sich der Mazda 6
auf der Straße: Das optimierte Skyactiv Fahrwerk bringt
Komfort und Dynamik noch überzeugender in Einklang. Die innovative Fahrdynamik-Regelung G-Vectoring Control Plus sorgt insbesondere in Kurven für harmonischere und stabilere Fahreigenschaften, und der
große Aufwand bei der Senkung von Geräuschen und
Vibrationen garantiert ein ruhiges und hochwertiges
Fahrerlebnis.

MIT LIEBE ZUM DETAIL SEINER ZEIT VORAUS

DIE WEITERENTWICKLUNG EINER IKONE gehört sicherlich zu den spannendsten Aufgaben, denen sich Designer und Ingenieure gegenübersehen. Nicht zu viel ändern, um Fans nicht zu verprellen oder den Charakter zu verwässern, aber auch nicht zu wenig, um nicht von den Trends der Zeit überrollt zu werden – in diesem Spannungsfeld bewegen sich auch die Mazda Entwickler, die mit der Evolution der Roadster-Legende MX-5 betraut sind.

Deren vierte Generation geht 2022 immerhin schon in ihr siebtes Jahr, ist dank kontinuierlicher, mit viel Liebe zum Detail umgesetzter Modifikationen aber immer auf der Höhe der Zeit. Oder ihr sogar voraus, wie die für den Roadster und den MX-5 RF neu eingeführte Kinematic Posture Control (KPC) beweist – ein innovatives System, das die Fahrstabilität weiter verbessert. Es sorgt beim Einlenken durch Betätigen der kurveninneren hinteren Radbremse für ein Einfedern des entsprechenden Rades und reduziert so die Seitenneigung in Kurven.

TECHNISCHE DATEN
MAZDA MX-5 / MAZDA MX-5 RF

PRODUKTIONSZEITRAUM
ab 2015 / ab 2016

IN DEUTSCHLAND
ab 2015 / ab 2017

MOTOREN
Skyactiv G Vierzylinder-Benziner
Skyactiv G Vierzylinder-Benziner

HUBRAUM
1.496 - 1.998 cm^3
1.496 - 1.998 cm^3

LEISTUNG
97 kW/132 PS - 135 kW/184 PS
97 kW/132 PS - 135 kW/184 PS

KAROSSERIEFORM
Roadster / Roadster mit
elektrischem Hardtop

PIONIER MIT EIGENER NOTE

TECHNISCHE DATEN

PRODUKTIONSZEITRAUM
ab 2020

IN DEUTSCHLAND
ab 2020

MOTOREN
e-Skyactiv EV AC-Synchron-
Elektromotor

BATTERIEKAPAZITÄT
35,5 kWh

LEISTUNG
107 kW/145 PS

KAROSSERIEFORM
Fünftürer mit
Freestyle-Door-System

MAZDA STARTET INS ELEKTROZEITALTER – und zwar auf seine Art. Denn der Mazda MX-30, der 2020 als erstes batterieelektrisches Modell in die Schauräume rollt, verkörpert eine charakteristische Herangehensweise der Marke, die die CO_2-Gesamtbilanz der Fahrzeuge in den Mittelpunkt stellt.

Deshalb setzt Mazda im MX-30 eine mittelgroße Batterie mit 35,5 kWh ein. Diese liefert genügend Energie für den Alltagseinsatz – 200 Kilometer Reichweite sind es im kombinierten WLTP-Zyklus, innerorts sogar bis zu 262 Kilometer – und ist vor allem leichter und nicht so aufwendig zu produzieren wie größere Akkus. Auch Fahreigenschaften und Handling profitieren – und damit zwei weitere Aspekte, auf die Mazda traditionell großen Wert legt.

Daneben punktet der MX-30 mit einem sympathischen Styling, attraktiven Zweifarblackierungen, einem luftig-leichten Interieur und gegenläufig öffnenden Freestyle-Türen als Hingucker. Zum Modelljahr 2022 wird die Ladetechnik optimiert: Ein neuer dreiphasiger On-Board-Charger verkürzt die Ladezeiten deutlich.

Ab 2023 wird das elektrische Antriebsportfolio durch den MX-30 R-EV mit Kreiskolben-Motor als Teil eines seriellen Hybridantriebs erweitert.

DAS DESIGNERSTÜCK UNTER DEN CROSSOVERN

MIT DEM CX-30 ERWEITERT MAZDA sein Crossover-Portfolio 2019 um ein Designerstück: Der kompakte Crossover, der technisch auf dem Mazda 3 basiert, interpretiert die elegante Kodo Formensprache der neuesten Generation auf eine besonders sportliche Art. Die breite Haltung lässt den Mazda CX-30 stämmiger und kraftvoller wirken als seine Modellbrüder; der schärfer gezeichnete Kühlergrill, die geschwungene Bogenform der Heckklappe und die pulsierenden LED-Blinkleuchten setzen eigenständige Akzente.

Mit knapp 4,40 Metern Länge sortiert sich der CX-30 unter dem CX-5 ein und erfüllt die Anforderungen von Kunden, die urbane Abmessungen mit viel Platz und Praktikabilität verbinden möchten. Im Interieur haben die Designer ein traditionelles japanisches Raumkonzept umgesetzt: Während der Cockpitbereich auf klassische Mazda Art auf den Fahrer und seine Bedürfnisse ausgerichtet ist, ergibt sich für die übrigen Passagiere ein luftiges und offenes Ambiente, bei dem unterschiedliche Farbthemen und eine große Detailliebe für Premium-Anmutung sorgen.

TECHNISCHE DATEN

PRODUKTIONSZEITRAUM
ab 2019

IN DEUTSCHLAND
ab 2019

MOTOREN
Skyactiv G und X
Vierzylinder-Benziner

HUBRAUM
1.998 cm³

LEISTUNG
90 kW/122 PS -
137 kW/186 PS

KAROSSERIEFORM
Crossover

TECHNISCHE DATEN

PRODUKTIONSZEITRAUM
ab 2017

IN DEUTSCHLAND
ab 2017

MOTOREN
Skyactiv G und D Vierzylinder-Benziner und -Diesel

HUBRAUM
1.998 - 2.488 cm^3

LEISTUNG
110 kW/150 PS -
143 kW/194 PS

KAROSSERIEFORM
Crossover

VORREITER 2.0

DIE ZWEITE GENERATION des globalen Bestsellers Mazda CX-5 setzt Trends für die kommenden Mazda Modelle
und festigt ihre herausragende Position im Crossoversegment. Das Kodo Design, das der erste CX-5 etabliert hatte,
wird mit der Neuauflage minimalistischer, eleganter und hochwertiger. Gestaltung und Bedienung im Innenraum
orientieren sich an den neuesten Erkenntnissen von Ergonomie und Nutzerfreundlichkeit.

Die hochmodernen Skyactiv Triebwerke des Mazda CX-5 zeigen, wie viel Potenzial weiterhin im Verbrennungsmotor
steckt: Eine Zylinderabschaltung in den stärkeren Benzinern und weitere umfangreiche Modifikationen reduzieren
Verbrauch und Emissionen, ohne die souveräne Leistungsentfaltung zu beeinträchtigen. Der weiterentwickelte i-Activ
AWD Allradantrieb sorgt für Sicherheit, während die innovative Fahrdynamik-Regelung G-Vectoring Control Plus durch
subtile Eingriffe in Motorsteuerung und Bremsen das Fahrverhalten in Kurven verbessert.

PLUG-IN-PREMIERE

MIT DEM MAZDA CX-60 präsentiert der japanische Hersteller sein erstes Modell mit Plug-in-Hybridantrieb, der aus einem 2,5-Liter Skyactiv G Benzinmotor und einem Elektromotor besteht und den CX-60 zum leistungsstärksten Serienfahrzeug macht, das Mazda je gebaut hat. Die 17,8-kWh-Batterie ermöglicht eine rein elektrische Reichweite von 63 Kilometern. Es folgen zwei neue Reihensechszylinder-Motoren, die auf das Prinzip des „Rightsizing" setzen: Die passende Hubraumgröße verspricht bei dem 3,0-Liter-Benziner und dem 3,3-Liter-Diesel die bestmögliche Kombination aus Leistung und Kraftstoffeffizienz.

Den Premium-Status als neues Spitzenmodell unterstreicht das kraftvoll-elegante Kodo Design mit der stilvollen neuen Farbe Rhodium White Premium. Unter dem Motto „Crafted in Japan" verbinden sich im Innenraum japanische Akzente und natürliche Materialien zu einem einzigartigen Flair, während Technologien wie das Driver Personalization System die Verbindung zwischen Fahrer und Fahrzeug weiter intensivieren: Das System erkennt die Augenposition und stellt nach Eingabe der Körpergröße die Umgebung – Sitzposition, Lenkrad, Außenspiegel und Head-up-Display – automatisch ein.

TECHNISCHE DATEN

PRODUKTIONSZEITRAUM
ab 2022

IN DEUTSCHLAND
ab 2022

MOTOREN
e-Skyactiv PHEV Vierzylinder-Benziner und E-Motor, e-Skyactiv X Reihensechszylinder-Benziner, e-Skyactiv D Reihensechszylinder-Diesel

HUBRAUM
2.488 - 3.283 cm³

LEISTUNG
241 kW/327 PS (e-Skyactiv PHEV)
147 kW/200 PS - 187 kW/254 PS (e-Skyactiv D)

KAROSSERIEFORM
Crossover

TECHNISCHE DATEN

PRODUKTIONSZEITRAUM
ab 2022

....

IN DEUTSCHLAND
nicht angeboten

....

MOTOREN
Skyactiv G Vierzylinder-
Benziner

....

HUBRAUM
2.488 cm^3

....

LEISTUNG
139 kW/189 PS -
191 kW/260 PS

....

KAROSSERIEFORM
Crossover

CROSSOVER FÜR NORDAMERIKA

NICHT NUR IN EUROPA STÄRKT MAZDA seine Präsenz im Crossover-Segment: Auch in Nordamerika baut die Marke ihr Modellangebot aus. Der neue Mazda CX-50 ergänzt das Portfolio in den USA und Kanada oberhalb des Mazda CX-5 und nutzt die gleiche Plattform wie der Mazda 3 und der CX-30. Für den Antrieb stehen zunächst zwei 2,5-Liter Skyactiv G Benzinmotoren – als Saugmotor sowie als Turbomotor – zur Wahl, elektrifizierte Varianten folgen.

Das i-Activ AWD Allradsystem und die Fahrmodus-Auswahl Mi-Drive garantieren Fahrvergnügen auf und abseits befestigter Straßen, während hochwertige Materialien und ein Panorama-Glasdach für ein großzügiges Ambiente im Innenraum sorgen. Gebaut wird das Modell in einem neuen Werk im US-Bundesstaat Alabama, das Mazda im Rahmen eines Joint-Ventures mit Toyota betreibt. Das Werk besitzt eine Jahreskapazität von 300.000 Fahrzeugen – jeweils 150.000 Einheiten pro Hersteller. Der CX-50 ist das erste Mazda Modell, das dort vom Band läuft.